Bt ortolan / Pipit à gorge rousse
Cuissy, 25 Avril 96

À Livie, à la vie ...

Du même auteur

Carnet d'un naturaliste au fil de la Loire, *Fernand Nathan.*

L'album des oiseaux, *Delachaux et Niestlé.*

un jour, un Oiseau

mille croquis
de terrain

Si vous désirez être tenu au courant des publications de l'éditeur de cet ouvrage, il vous suffit d'envoyer votre adresse, en mentionnant le pays, aux éditions :

DELACHAUX et NIESTLÉ S.A.
Service promotion
79, route d'Oron
CH – 1000 Lausanne 21
Suisse.

Vous recevrez également, sans engagement de votre part, nos catalogues et une information sur toutes les nouveautés que vous trouverez en librairie.

ISBN : 2-603-01195-2

---

un jour, un Oiseau

mille croquis de terrain

Denis Chavigny

delachaux et niestlé

SOMMAIRE

AVANT PROPOS

Chaque double page raconte les découvertes d'une journée particulière. En temps ordinaire, je privilégie les sorties courtes mais quotidiennes qui n'engendrent que rarement la douzaine de croquis requise par ce mode de présentation. Néanmoins le choix, encore conséquent, n'a pas été simple, j'ai cherché à mettre en scène le plus d'espèces d'oiseaux et de milieux différents. Même si un croquis meilleur de la veille ou du lendemain aurait pu compléter l'histoire choisie, j'ai tenu à ne faire aucune exception. Tous les dessins sont donc exclusivement du jour.
J'aurais pu m'en tenir au terme strict d'un seul oiseau par journée décrite, mais ce livre n'aurait été qu'une compilation d'oiseaux rares, ceux propres à me conduire facilement à la douzaine de croquis demandée. Aussi, j'ai élargi le champ d'action. Cependant, dans la plupart des cas, un oiseau parmi d'autres se détache du lot.
Un seul dessin peut cacher dix secrets, dix histoires, dix manières de dire ce qu'il recèle de vie. Chaque croquis est un tête-à-tête singulier entre le modèle et son observateur, un point de jonction entre deux mondes parallèles. J'ai veillé à n'employer que des termes simples, facilement compréhensibles par tous, plutôt que d'aborder de façon scientifique les scènes auxquelles j'ai assisté. Un glossaire permet de préciser le sens de quelques termes ornithologiques. Les textes accompagnent au plus près les croquis et la place manque cruellement, tant les souvenirs sont vifs, tant l'envie est grande de tout dire. Je ne doute pas que vous saurez lire entre les lignes, voir les intentions, les bonheurs intimes, les peines quelquefois…

La collaboration de mon épouse, Martine, m'a été précieuse à plus d'un titre. Le « nous » employé dans les textes désigne ma famille qui a toujours partagé les séjours extérieurs à mon domaine familier. Lorsque vous aurez lu ces histoires, vous aurez compris beaucoup de la démarche d'un naturaliste, un peu de la vie des oiseaux.

INTRODUCTION

La passion est une fleur qui ne se cultive pas, tout au plus, s'entretient-elle. Né sous le signe des oiseaux, j'ai toujours cherché à comprendre les mystères et la magie de ces êtres d'exception. L'approfondissement d'une matière a pour conséquence première pour celui qui la pratique d'entrevoir l'étendue de son ignorance...

Chaque ornithologue aborde la chose à sa façon car les portes d'accès à cette science sont innombrables. Comme la grande majorité d'entre eux, ma formation est autodidacte, passionnelle, intuitive et directement issue du terrain. Dans ces pages, mes frères de vadrouilles retrouveront beaucoup de leurs émotions propres. Ce livre est également un hommage rendu à tous les amateurs passionnés sans lesquels l'ornithologie n'existerait pas.

Mon approche du terrain n'obéit à aucune règle, seule l'intuition du moment guide mes pas. Prévoir une sortie, ne serait-ce qu'un jour à l'avance est inconcevable. De même, il est très rare d'orienter mes balades vers un but précis. Si je n'attends rien, en revanche j'espère tout. Les oiseaux, par bonheur, sont partout. Ils sont visibles à toute heure mais l'aube est le moment le plus propice. Aux beaux jours, à dix heures, « la messe est dite ». Le facteur humain entre également en compte et je fuis les lieux trop fréquentés, fussent-ils réservés aux naturalistes. Je conjugue la découverte au singulier pour une meilleure appréhension sensorielle de l'instant. Une observation personnelle, seul à seul avec son objet, offre une qualité d'émotion bien supérieure à celles réalisées en groupe. Mais encore une fois, chacun appréhende la nature à sa façon... La seule loi, commune à tous, est le respect des oiseaux et de leur environnement, surtout en période de nidification.

Rhêmes, Italie, 6 Aout 98
Coucou gris juv / Rougequeue noir ♀

« Dis-moi tes oiseaux, je dessinerai ton décor;
« Redis-moi tes oiseaux vingt ans plus tard, je peindrai ton avenir. »
Telle pourrait être la maxime du naturaliste. Ainsi, ce qui peut apparaître comme une activité puérile, bien éloignée des préoccupations industrieuses, ludiques et virtuelles du moment, s'avère être un instrument de mesure précis de la santé de l'environnement. Un baromètre, parmi d'autres, qui peut aider à appréhender la « qualité » naturelle d'un lieu, d'une région, d'un pays... À cet égard, ces dernières décennies sont pleines d'enseignements et, même dans notre aire géographique riche, l'avenir n'invite pas à l'optimisme. Pour d'autres zones moins favorisées, la préservation de l'espace naturel est un luxe hors de portée d'une économie de survie. Les oiseaux ne connaissent pas de frontières et les incidences météorologiques et politiques sur leur devenir sont directement perceptibles. Qu'une sécheresse sévisse au Sahel et c'est plus de 80 % d'une population d'oiseaux nicheurs européens qui peuvent disparaître durant l'hivernage. Par dogmatisme ou par incitation économique, une politique industrielle et agricole peut bouleverser entièrement, voire anéantir la richesse d'une région, d'un pays tout entier. Afin de compenser ces pertes, la réponse actuelle est celle de la création de réserves. Plus ou moins respectées, ces oasis ne peuvent combler le déficit de nature. Pire, cette politique de compensation peut n'être qu'une parade clientéliste commode, l'arbre qui cache la forêt... Cent pages ne suffiraient pas à dire mon inquiétude et celle des milieux scientifiques. Un dessin valant mieux qu'un long discours, j'ai choisi dans cet ouvrage de vous conduire sur les chemins de la vie. J'espère que mes oiseaux sauront dire mieux que moi leur espérance, qu'ils sauront toucher les cœurs, tant il est vrai que l'on ne peut protéger que ce que l'on aime.

PETIT GLOSSAIRE

Les définitions données ici sont volontairement simplifiées et s'appliquent plus particulièrement au sens employé dans mes textes.

- ADIPEUSE : (réserve) Se dit de la masse graisseuse accumulée par les oiseaux, notamment par les migrateurs, constituant une réserve énergétique.
- AISSELLES : (ou axillaires) Triangle de plumes sous les ailes le long des flancs.
- AVIFAUNE : L'ensemble des oiseaux.
- CANOPÉE : Sommet des arbres.
- COLONIE : Regroupement d'oiseaux nichant en un même lieu.
- COUSSOUS : Milieu aride, caillouteux, à végétation rase (ex : la plaine de la Crau).
- DIURNE : (oiseau) Qui s'active durant le jour.
- ÉCOSYSTÈME : Ensemble interactif de la faune, la flore, le terrain, la météo...
- EMBÂCLE : (d'un fleuve ou d'une rivière) Pris par les glaces.
- ESPÈCE : Entité, ensemble d'oiseaux présentant les mêmes caractères, les différenciant des oiseaux du même genre.
- FAUNE : Ensemble des animaux d'une région donnée.
- FAUNISTIQUE : (ou faunique) Relatif à la faune.
- FRINGILLES : (ou fringillidés) Famille de passereaux principalement granivores (pinson, serin, verdier, bouvreuil...).
- IMMATURE : Se dit d'un oiseau de taille adulte, autonome, mais qui n'a pas encore acquis son plumage adulte complet.
- LACUSTRE : Relatif aux zones humides (marais, lacs,...).
- LARIDÉS : Oiseaux d'eau regroupant les goélands, mouettes, sternes et labbes.
- LIMICOLES : Petits échassiers, souvent à bec et pattes longs : bécassines, bécasseaux, chevaliers, courlis, barges...
- LOGE : Trou, foré ou non par l'oiseau, utilisé pour nicher.
- MICROFAUNE : Ensemble des animaux de petites tailles (invertébrés, insectes, petits mammifères...) d'une région donnée.
- MILIEU : Ensemble géographique de même caractère.
- MIMÉTIQUE : (plumage) Qui se confond avec son environnement.
- NICTITANTE : Troisième paupière, transparente, permettant par exemple à certains oiseaux d'observer sous l'eau.

- NOCES : Période de la formation des couples et de la reproduction.
- NOCTURNE : (oiseau) Qui s'active durant les heures sombres.
- NUPTIAL(E) : (plumage/parade) Relatif à la période de reproduction.
- PÉLAGIQUE : Relatif à la mer (plus qu'à son rivage).
- PELOTE : (de rejection) Boulette de matières non digérables (plumes, poils, carapaces, os) recrachée par le bec chez certaines espèces (rapaces,pie-grièches, goélands...).
- RECTRICES : Grandes plumes de la queue.
- RELICTUEL(LE) : (population, milieu) Restreint, isolé et souvent fragile.
- RÉMIGES : Grandes plumes des ailes servant au vol.
- RONDE : Réunion de plusieurs espèces différentes prospectant un même lieu (ex : mésanges, roitelets, grimpereaux, sittelles...).
- SOUS-ESPÈCE : Variante (de plumage, de taille, de forme) au sein d'une même espèce. Souvent en relation avec une partie distincte de l'ensemble de son aire géographique.
- SYSTÉMATICIEN : "Savant" qui classifie les êtres vivants comme les oiseaux, d'après un système, un ordre scientifique.
- TERTIAIRES : Grandes plumes à la base des ailes, près du corps.

abréviations
manuscrites

♂	*Mâle*
♀	*Femelle*
⚥	*Couple*
ad	*Adulte*
imm	*Immature*
juv	*Juvénile*
pull(i)	*Poussin (s)*
plum	*Plumage*
étg	*Étang*

LE DESSIN DE TERRAIN

Il n'existe aucune règle en art. En tant qu'autodidacte, il m'est difficile de m'arroger le droit d'édicter quelques conseils. Des conseils que l'on me demande cependant régulièrement.

Choisir les oiseaux comme thème principal de sa création artistique impose un minimum de connaissances, de conduites à tenir. Là encore, les façons d'aborder ce travail sont nombreuses. Les pratiques basées sur le dessin d'oiseaux captifs, celles qui ont pour support une documentation photographique ou vidéo, ne sont pas les miennes, aussi je ne parlerai ici que de ce dont j'ai l'expérience : le dessin de terrain.

La pratique régulière de la peinture autorise une palette étendue de possibilités, parfois audacieuses. En revanche, il est essentiel pour le débutant de travailler avec un matériel de grande qualité. Le choix du papier, des pinceaux et des couleurs (aquarelles ou gouaches) doit s'opérer avec minutie en s'aidant d'un professionnel. Personnellement, j'emporte sur le terrain divers crayons HB et 2H, 4 pinceaux N° 0 à 3, 4 brosses plates N° 4 à 10, une boîte d'aquarelles 12 couleurs, un récipient d'eau et un carnet de 30 pages à grain moyen de 180 g/m^2. Ce grammage, parfait pour le crayon, est juste suffisant pour l'aquarelle de terrain.

La connaissance de la structure des oiseaux est plus importante que celle de la maîtrise du dessin. Elle peut probablement s'acquérir par la fréquentation des musées et la consultation de livres, mais rien ne peut remplacer l'observation régulière des oiseaux dans leur milieu. Les jumelles sont obligatoires. La longue-vue est à l'origine du formidable renouveau de l'art animalier. Non seulement elle permet de mieux voir, mais surtout, d'observer des oiseaux qui, ne soupçonnant pas la présence humaine, dévoilent leur vie réelle et offrent des scènes authentiquement naturelles.

Vous pouvez « attaquer » le premier oiseau venu mais si l'émotion n'est pas là, mieux vaut attendre une autre image… Selon l'endroit vous pouvez bénéficier jusqu'à mille possibilités de dessins à l'heure, alors choisissez bien. Il est plus facile de commencer par un oiseau au repos. Les canards endormis, la tête sur le dos, sont des modèles parfaits. Ils vous offriront de bonne grâce quelques angles différents en se laissant dériver sur l'onde. Déjà, les possibilités de travailler ce simple sujet sont nombreuses : oiseau de face, de dos, de profil, de trois quarts et même à l'envers pour le reflet. Faites plusieurs croquis afin d'apprendre et de comprendre votre modèle. La couleur est une autre étape, un autre monde. Le décor simple de l'exemple choisi ouvre la porte à d'infinies découvertes où la lumière, les reflets nets ou troubles et la qualité de l'eau sage ou tourmentée suffisent amplement pour entrevoir ce que cette première expérience recèle de richesses… Ensuite vous pourrez vous mesurer aux attitudes actives. Une alternative : soit l'oiseau reste observable dans le secteur et alors vous serez en mesure d'ajuster votre croquis initial, soit la vision a été furtive et le modèle est parti. Dans ce cas c'est votre cerveau qui, tel un appareil photographique, pourra restituer l'instantané qu'une bonne connaissance préalable des oiseaux vous aidera à compléter. Tout ceci est théorique; dans la pratique quotidienne l'exercice est plus instinctif. L'envie, seule, me sert de guide. Je ne dessine jamais un oiseau, je dessine cet oiseau-ci, à cet instant-là… De même, la composition artistique s'opère selon ce même principe de spontanéité. Les meilleures images sont celles inscrites le cœur battant…

à 6h
du matin
Eider à tête grise
adulte -
EKKerøy
Nord Laponie
17 Juillet 91
Bernache nonnette
et Canard colvert
Guilly, 4 Oct 95
Cassenoix moucheté
Autriche, 4 Aout 93
mange des
noisettes
Epervier d'Europe ♀
capture un Combattant
St Aignan le J., 28 Sept 90

Canard pilet
Cuissy, 7 Févr 96

LES SAISONS

LES JOURS D'HIVER

C'est la saison rêvée pour débuter l'étude des différentes espèces car elles sont peu nombreuses et les oiseaux sont moins farouches. Les jardins ou les parcs urbains sont intéressants pour peu qu'on y aménage une judicieuse distribution de nourriture. Les journées hivernales sont courtes et les conditions climatiques difficiles. Les sorties peuvent avoir lieu à toute heure car le rythme de vie des oiseaux est plus étalé dans le temps, plus directement lié à la météo. Les temps couverts et brumeux interdisent toute visibilité sur les plans d'eau ou sur la plaine mais gènent peu en milieu forestier. Le gel peut rigidifier les étangs et les lacs tout en laissant couler les eaux vives des ruisseaux et des fleuves où des concentrations d'oiseaux d'eau peuvent être observées. Si la montagne se vide, regroupant une partie de ses oiseaux dans les vallées, le bord de mer peut, en revanche, attirer beaucoup d'oiseaux.

L'hiver est également le temps des regroupements et certaines espèces s'assemblent tels les pinsons, les alouettes, les corbeaux freux ou les mouettes. D'autre forment une association plurispécifique comme les différentes mésanges accompagnées dans leurs rondes de roitelets, sittelles, grimpereaux et pics.

À cette saison, si beaucoup d'oiseaux ont rallié des cieux plus cléments, d'autres arrivent sous nos latitude pour y hiverner. La rudesse du climat influence directement l'ampleur de ce phénomène. La rencontre, toujours possible, avec des espèces inhabituelles réchauffe parfois une sortie mordante de froid. Dès février, les premiers signes avant-coureur du printemps apparaissent. On note un mouvement d'oiseaux remontant vers le Nord, les chants des passereaux reprennent et les pics sonnent à grands coups de bec la fin de cette période difficile.

Pour dessiner, lorsque le terrain s'y préte, l'abri d'une voiture peut être d'un grand secours et ce d'autant que les oiseaux sont moins craintifs à l'égard de l'observateur. Quand les conditions sont très difficiles, il est toujours possible d'annoter avec précision vos croquis et de terminer le travail à la maison.

Garrot à oeil d'or ♂
St Benoit/Loire, 8 Fév 91

- *Les flocons tombent au ralenti devant la fenêtre. Le rougegorge, plus rond que jamais, nous regarde.*
- *La vie avare dérive dans le vent. Le pivert rêvant de vert s'en va, l'hiver va de l'avant.*
- *Un rideau de neige est tombé en avalanche quand l'autour s'est posé au sommet du grand pin.*
- *La rive de glaces découpées à la hache s'adoucit des rondeurs du couple de garrots endormis.*
- *Un cône blanc chapeaute le bec des oies lorsqu'elles arrachent les pousses d'orge enfouies sous la neige.*
- *Perchées sur les branches raides et vernissées, les pies et les litornes jacassent dans le brouillard givrant.*
- *Un phoque gris, deux pingouins, trois guillemots ; les pêcheurs irlandais se mettent en quatre.*
- *Ballottés, bousculés, les bergeronnettes et les pipits marchent en crabe sur la grève balayée par la tempête.*
- *Statue paille dans la roselière, le butor n'a pas bougé lorsque le sanglier a déboulé au bord du marais.*
- *La mer est lourde, épaisse et paisible comme cet été ; les parasols en moins, les plongeons en plus.*
- *La violence de l'accouplement du colvert provoque les cancanements outrés de sa cane à demi-noyée.*
- *Chez les cormorans c'est la curée. Les cous distendus engloutissent les mulets arrachés aux eaux froides.*
- *Le manteau blanc a fondu depuis longtemps. Le perce-neige ne perce plus rien sur la terre noire du sous-bois.*
- *Tremble hiver ! Ton règne s'achève. Ce matin, le pinson a chanté...*

LES JOURS DE PRINTEMPS

Le printemps est incontestablement la saison majeure du naturaliste. Celle du renouveau. Si l'hiver offre avec parcimonie ses oiseaux, le printemps déborde de visions, de cris et de chants. Le nombre des espèces va tripler en quelques semaines. Les voyageurs, ayant pour la plupart hiverné en Afrique, rejoignent le coeur de l'Europe entre début mars et mi-mai.

C'est bien sûr la saison des nids, ce qui implique une série passionnante de comportements. Déjà, à l'oreille tout est différent. Des quelques cris timides de l'hiver, on passe à une véritable cacophonie. Les parades nuptiales sont parfois exubérantes, souvent spectaculaires. Puis, vient le temps des nids : choix de l'emplacement, construction, aménagement, ponte. Votre curiosité toutefois doit s'arrêter bien avant le bord des nids car beaucoup d'oiseaux l'abandonnent en cas de dérangement. Des espèces, difficiles à voir en d'autres temps, s'exposent franchement durant les deux semaines qui suivent leur retour de migration.

La sortie matinale s'impose dès que les conditions sont favorables. Le même parcours visité à l'aube et au milieu de l'après-midi vous convaincra sans peine de la différence d'activités. Pour certaines espèces et certains milieux, le crépuscule peut s'avérer d'un grand intérêt.

Les occasions de dessiner sont à la mesure de la profusion printanière. Les oiseaux, plus casaniers du fait de leur mission reproductrice, sont facilement détectables. Mais, là encore, il n'est pas question de se poster près du nid. Tous les oiseaux savent traduire leur désapprobation en de telle circonstance. Ecoutez les. A bonne distance, il est facile de repérer le manège des nicheurs sans les gêner. L'emploi de la longue-vue permet d'opérer en toute sécurité. Si vous choisissez un lieu précis pour une séance de dessin, il est profitable de bien vous poster dès le début, de ne pas changer de place sans cesse. Les oiseaux d'un secteur apprennent vite à juger les intentions d'un observateur et reprennent alors leurs activités si vous restez immobile. Il est judicieux de s'asseoir, c'est un signe apaisant.

Grèbe huppé ♀
L'Orne, 11 Avril 94

- *La forêt résonne de toute part de l'affrontement sonore des pics jouant aux marteaux-piqueurs sur les troncs creux.*
- *Les coucous s'offrent en bouquets sur l'accotement, plus haut un bruant proyer "brise du verre" à gorge déployée.*
- *Le V du busard tangue au-dessus des roseaux, un à un les chants et les coassements s'éteignent.*
- *Le soleil chemine sans hâte sur la paroi calcaire vers l'antre secrète de l'aigle de Bonelli couché sur ses oeufs.*
- *Les robes de gitane relevées laissent voir les dessous blancs des outardes barbues dansant un flamenco endiablé.*
- *Le zézaiement chevrotant des bécassines en parade au-dessus du marais interroge le silence du crépuscule.*
- *Le grèbe huppé fait sa toilette avec grâce sur l'étang paisible, sa compagne a pris le relais sur le nid.*
- *Le poil scintillant de rosée, le renard rejoint sa tanière avec un lapereau pantelant dans la gueule.*
- *Chacun sur sa poutre, gobemouches gris et rougequeues noirs bâtissent leur nid dans l'ombre de la grange.*
- *Touche finale, tache écarlate, le rouge vient au front et à la poitrine de la délicate linotte mélodieuse.*
- *Sur la mare dix grosses pattes emportent cinq petites boules de duvet noir à la suite de maman poule-d'eau.*
- *Les trésoriers payeurs tancent le paysan : "paye tes dettes, paye tes dettes...". Les caillent chantent dans les blés.*
- *Ce midi les bondrées applaudissent à leur noce dans l'air saturé de l'odeur douce des pins chauds.*
- *Alignés sur la branche, les quatre jeunes hiboux pleurnichards guettent le retour de la chasse des adultes.*

LES JOURS D'ÉTÉ

Les vacances d'été sont propices aux expériences nouvelles et aux voyages. Je n'évoque ici que la faune européenne. Les pays du nord de l'Afrique et du Moyen-Orient peuvent être visités avec profit en raison des liens évidents avec celle-ci. L'Europe est un petit continent, facile à visiter si l'on dispose de quelques semaines de congé. Le trajet en voiture, même long lorsqu'il s'agit de rallier la Laponie, fait partie intégrante du voyage. Il est inutile, voire dangereux, de transformer ces longs déplacements en séances d'observations. Un arrêt de dix minutes offre plus d'oiseaux que trois heures de voiture…

Le voyage commence bien avant le départ, au cours de la préparation. Il existe de nombreuses publications qui peuvent aider au choix de votre future destination. Notre pays est probablement le plus diversifié et les possibilités de découvrir une faune étrangère à celle de votre domaine sont multiples. Dans chaque pays, chaque région, le jeu consiste à sélectionner le secteur le plus « nature », le moins bouleversé par l'évolution du monde moderne. Bien sûr, les réserves naturelles sont intéressantes, parfois incontournables, mais la satisfaction est souvent décuplée lors de la découverte, hors des sentiers battus, d'un petit coin non estampillé naturaliste. Plus qu'ailleurs, il convient d'adopter une attitude stricte de respect envers les habitants et l'environnement du lieu. Rien ne doit transparaître de votre passage, même si vous vivez de façon autonome, hors de tout aménagement touristique. La mesure du temps peut être totalement différente du rythme de vie habituelle. C'est l'occasion de vivre plus en harmonie avec la nature, de retrouver la part d'instinct naturel étouffée par le mode de vie actuelle.

- *Après la torpeur de l'après-midi, les derniers vols mécaniques des bécasses en croule se croisent dans le mauve.*
- *Les fauvettes pitchous se cachent à l'ombre des genêts. Les gousses crépitent dans le feu du soleil au zénith.*
- *Les faucons hobereaux, repus d'abondance, capturent jusqu'à la nuit des hannetons qu'ils goûtent à peine.*
- *Les bergeronnettes disputent aux cincles les meilleurs cailloux affleurants du tumulte bouillonnant du torrent.*
- *Deux grands yeux jaunes scrutent la garrigue. La vipère prend son baptême de l'air dans le bec du circaète...*
- *Des cris nous tirent du lit, c'est le jour du cochon. Jour d'enfance aux échos chantants des cochevis dans la ferme.*
- *Appareils photos et camescopes suivent en choeur les lignes ondulantes des flamants roses dans le halo rouge du couchant.*
- *Voyages d'été, frontières, premières corneilles abandonnant leur costume de deuil pour devenir mantelées.*
- *Sitôt après le passage de la charrette, la huppe a repris son bain de poussière au beau milieu du chemin.*
- *La course stridente de l'essaim des martinets couvre un instant les cris des enfants près des immeubles anonymes.*
- *Le lagopède s'envole trop près, trop bruyamment pour ne pas signifier que sa nichée se cache à deux pas.*
- *La nuée bavarde des chocards et des craves a dévoilé trop vite l'approche de l'aigle. Les marmottes sifflent.*
- *Autour des voiliers indolents, les sternes caugeks plongent en cascade sur un banc de poissons argentés.*
- *Balançant sa queue rousse, l'agrobate joue à l'acrobate sur les oreilles piquantes du figuier de Barbarie.*
- *Milans, bondrées et cigognes passent en désordre au-dessus des mosquées d'Istanbul, l'été s'échappe vers l'Asie.*

Lagopède alpin ♀
Dambas, Nav, 11 Juillet 96

LES JOURS D'AUTOMNE

L'automne est synonyme de migration. En quelques mois, plusieurs milliards d'oiseaux vont transiter au-dessus de nos têtes pour migrer en majorité vers l'Afrique. Ce mouvement n'est pas homogène et les espèces migrent selon des modalités propres. Pour certaines, l'ensemble de la population européenne disparait durant six mois ; pour d'autres, le déplacement n'est que partiel. Certains points obligés, tels les détroits du Bosphore et de Gibraltar, sont le théâtre de concentrations formidables. Beaucoup d'espèces migrent plus discrètement de nuit et seuls leurs cris de contact indiquent le phénomène. Les oiseaux accumulent sous forme de masse adipeuse l'énergie nécessaire à cet effort. Certains sont capables de rallier l'Afrique d'une seule traite, en survolant la Méditerranée et le Sahara ; d'autres font de nombreuses haltes. La direction et la force des vents influencent directement le phénomène migratoire.

En fin de saison, les premiers hivernants entrent en scène et offrent le même plaisir de nouveauté qu'au printemps. L'automne est également la saison de tous les possibles. Certains oiseaux rares, égarés de leur route habituelle, peuvent apparaître à tout moment, en tout lieu.

À l'automne, pluies et vents conditionnent souvent la façon d'aborder le travail de terrain. Les modèles pouvant changer chaque jour, les occasions de capter des images nouvelles sont nombreuses. De belles journées automnales, agrémentées de rencontres inattendues, offrent l'opportunité de faire de nombreux croquis, tant il est plus excitant de dessiner un oiseau rarement vu, ou mieux encore, vu pour la première fois.

- *L'instinct guide le jeune coucou, éternel orphelin, par delà les mers et les déserts vers ses frères qu'il n'a jamais vus.*
- *La peur au ventre, le ventre plein de sureaux et de mûres, les fauvettes songent au grand voyage vers l'Afrique.*
- *Dès potron-minet le chat rôde dans la venelle. Les hirondelles alignées sur les fils surveillent le fauve.*
- *Les verdiers et les linottes, le bec vernissé de pulpe de tournesol, quittent la table devant la menace de l'épervier.*
- *Ecureuil et cassenoix se disputent les dernières noisettes à engranger dans une fissure ou sous le tapis de feuilles.*
- *Le troglodyte a plongé dans les fougères lorsque le brame conquérant du cerf a déchiré le brouillard.*
- *Le crépuscule se tache en myriade de pointillés des vagues ondulantes des étourneaux rejoignant leur dortoir.*
- *La vase garde un temps en mémoire l'écheveau complexe des courses trottinantes des bécasseaux voyageurs.*
- *Dans le verger, un merle portant croissant s'est joint à ses cousins unicolores pour un festin de vers et de pommes.*
- *Le murmure devient peu à peu brouhaha puis cacophonie lorsque le grand V des grues passe au-dessus de nos têtes.*
- *Les bec-croisés ripaillent dans les pins. Les cônes déchiquetés tombent en rebondissant de branche en branche.*
- *Rangés en files indiennes, les vanneaux et les pluviers, tête basse, font face à l'averse dans le labour.*
- *Sur la boue de l'étang vide, la grande aigrette impose sa blancheur majestueuse à tous les longs becs.*

UN JOUR
UN OISEAU

Les rives reines

Gonflé des pluies froides de l'amont, le fleuve inonde presque tout l'espace autorisé par les digues. Les déchets flottants, branches et troncs enlevés à la rive, naviguent sur les eaux brunes. Le courant principal de la Loire n'offre que des visions éphémères de palmipèdes pressés.

Un martin-pêcheur a posé son ventre rond sur la branche rouge. Il ne pêche pas. Il ne pêche plus. Plus loin, je retrouve les sizerins dessinés trois jours plus tôt. Dans des positions acrobatiques dignes des mésanges, ces fringilles animent la frange émergée du rivage. Les séneçons, desséchés par le temps, semblent offrir des trésors inépuisables de graines. Malgré la promesse de m'intéresser cette fois à l'ensemble de la troupe, je m'attarde souvent sur le seul mâle adulte présent. L'écarlate de sa calotte, les bruns adoucis de son manteau et le rose délicat de sa poitrine sont autant d'appels auxquels il est agréable de ne pas résister

7 janvier 98, Val de Loire

La croisière des glaces

Grèbes, cormorans, harles, canards et foulques ont rejoint la Loire, seule source liquide disponible. Cette nuit tous les plans d'eau, grands ou petits, ont gelé. La fascinante vision de l'embâcle du fleuve emplit entièrement mon corps et mon esprit : voir le damage mouvant danser sur les eaux grises — écouter le bruit étouffé, à la fois moelleux et cristallin, des plaques de glace qui se frôlent — sentir l'air sec, brûlant de froid, envahir nez, gorge et poumons — sentir mille coups d'épingles sur les phalanges et les oreilles... Mais une autre magie me pousse à sortir les mains de mes poches. Soixante-sept oies des moissons dérivent sur les radeaux blancs. Comment ne pas tenter de dessiner un tel convoi.
La croisière improvisée s'achève ; les oies rejoignent les champs où elles tentent d'arracher au sol gelé les maigres pousses de céréales. La cohésion apparente du troupeau n'interdit pas quelques disputes dans les sillons. Le soir même, une belle neige enveloppe la région, donnant au décor une virginité provisoire. Les jours suivants, deux autres espèces d'oies (rieuse et cendrée) viennent rejoindre leurs cousines au patronyme si anachronique en ces temps de glace.

Cygne tuberculé
2 ad sur la glace
à L'Orme
Les Oies quittent le fleuve
et se posent dans un champ givré face aux Naudières
St Aignan le J.
menaces et combats s'engagent
dans le champ
bec et front aux marques
différenciées (toutes "fabalis")
– Oie des moissons –
les 67 oies dérivent au
centre de la Loire sur leurs
plaques de glace ...
sens du
courant
Loire, 13 Janv 87

Le chant du déclin

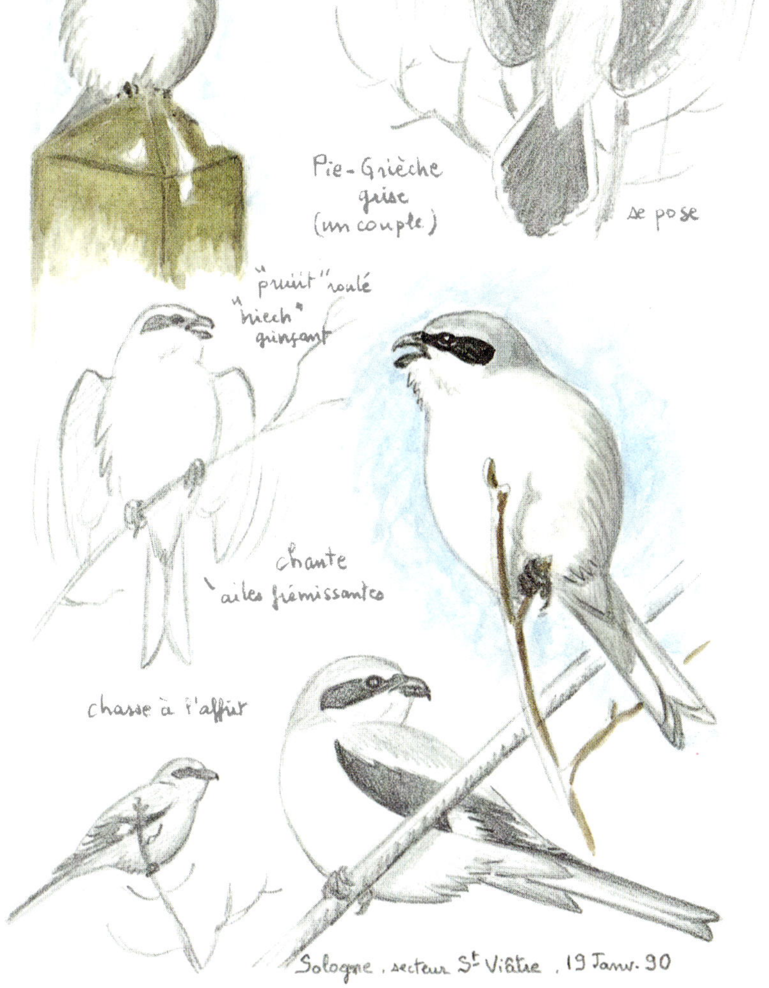

Insensibles à la morsure du gel, des tarins dansent dans les fines ramures des aulnes bordant l'étang rigide et froid. Les jappements couinants des pics mars me confortent dans l'idée de poursuivre loin des eaux vitrifiées ma quête d'oiseaux.
Le bleu du ciel s'impose bientôt sous l'effet d'un soleil qui échauffe les esprits. Des tourterelles turques s'accouplent dans le village et des buses paradent au-dessus des bois. Un couple de pies-grièches grises, voulant voir dans ces manifestations la promesse d'un hiver finissant, s'engage dans des préliminaires amoureux bien précoces. Le loup noir, porté par ces oiseaux de la taille d'un merle, accentue leur allure sévère, leur côté bandit. Le manque d'insectes en hiver impose la plus grande des prudences aux petits passereaux et aux rongeurs qui pourraient s'aventurer à portée de leur bec crochu… Il m'était difficile ce jour-là de songer que je dessinais l'un des derniers couples nicheurs de Sologne. Quelques années plus tard, dans cette région qu'aucun changement structurel n'a bouleversée, la pie-grièche grise disparaissait. Elle suivait en cela le déclin général de l'espèce constaté partout en Europe.

Je sais qu'il sait

Depuis dix jours, trois milans royaux ont établi leur quartier d'hiver sur « mes » terres. N'ayant trop souvent que des visions de vol de ce magnifique rapace, j'espère aujourd'hui un bon dessin de l'oiseau posé.

Je connais leur reposoir mais les rapaces, toujours craintifs, s'envolent à chacun de mes passages. Cette fois, tout a été calculé : vitre droite ouverte, longue-vue déjà installée, voiture stoppée encore plus loin sur le bas-côté. Un seul milan se repose dans le chêne. Je sais qu'il sait que je le vois. Me jugeant inoffensif à cette distance, il accepte mon regard inquisiteur mais bienveillant. Posé à mi-hauteur de l'arbre séculaire, le rapace à queue flamboyante surveille son royaume d'une simple rotation de la tête. Ses yeux dorés valent en puissance mes jumelles. La durée de l'observation permet l'étude complexe de son plumage paille, roux et brun. Sous mes pinceaux, j'ai conscience de forcer un peu sur les tons, de hausser la couleur à la hauteur de mon plaisir.

Dans les champs environnants, l'un de ses frères a maille à partir avec l'inévitable corneille propriétaire des lieux. Entre deux chasses, un faucon pèlerin posé au sol reprend son souffle. Les buses et les busards Saint-Martin accompagnent les milans dans leurs maraudes au-dessus de la plaine. Les mulots et les campagnols ont du souci à se faire…

27 janvier 98, Val de Loire

Stratégies hivernales

Bien que faible, le vent du nord imprime une certaine raideur aux choses et aux êtres qu'il caresse. La dureté du climat a chassé beaucoup d'oiseaux. Malgré l'apport d'hivernants, le nombre d'espèces n'atteint pas le tiers de celui des beaux jours. Le prix du soleil se paie en courses épuisantes et dangereuses : la migration. À chacun de choisir sa stratégie.

La fauvette à tête noire se croyait à l'abri dans le lierre et les buissons épais mais, ce matin, elle regrette de ne pas avoir rallié le Sud avec ses congénères. D'autres oiseaux semblent mieux s'accommoder des frimas. Les corbeaux freux, nicheurs locaux et migrateurs, poivrent les prés blanchis de givre dans un brouhaha de croassements rauques.

La venue du soleil achève de convaincre les litornes de sortir de leur apathie. Pas question de partir en quête de vers de terre, le sol est trop dur; les baies sont assurément la meilleure source de nourriture disponible. Celles de l'aubépine sont à point, le gel a attendri leur pulpe. Trois autres espèces de grives participent à la cueillette. Je m'attarde plus volontiers sur les litornes et les mauvis aux flancs orangés car elles m'abandonneront bientôt pour des contrées nordiques. Ces migratrices instables ont pour leur part adopté une stratégie hivernale souple, n'hésitant pas à faire mouvement du nord au sud ou du sud au nord selon les conditions climatiques.

Naufrage

Après la tempête la vie a repris son cours autour de la presqu'île. Les bécasseaux violets tiennent le haut du ressac devenu sage. Eiders, cormorans et plongeons apprécient la vague apaisée, plus propice à la pratique d'une pêche efficace. Les crabes, eux, ne se réjouissent pas longtemps de l'accalmie! Une frénésie gourmande s'empare des pêcheurs. Un grand cormoran a eu manifestement les yeux plus gros que le ventre…
Le décompte des cadavres échoués sur deux kilomètres et demi de la plage de Penthièvre me permet d'évaluer la violence de la perturbation météorologique. Je dénombre : 7 guillemots de Troïl, 1 pingouin torda, 1 macareux, 1 cormoran huppé, 1 fou de Bassan, 1 mouette tridactyle et 1 grand labbe!
Côté intérieur, à l'abri de la Côte sauvage, un guillemot est échoué au milieu de la plage. Combien d'heures, de jours, a-t-il lutté contre les éléments déchaînés? Le simple fait de se laisser approcher en dit long sur son état d'épuisement. Cependant, il trouve encore la force de me pincer bien durement, lorsque je déchiffre la bague du British Museum qu'il porte à la patte droite. Malgré l'absence de souillures par les hydrocarbures (présents sur la moitié des cadavres), les chances de survie sont bien minces pour de tel naufragé.

8 février 90, Bretagne

Les scooters des mers

Le décompte macabre des oiseaux échoués par la tempête s'achève avec la découverte d'un second mergule nain. Le besoin de changer d'air, de respirer celui de la vie, s'impose.
Je surplombe les eaux émeraude de toute la hauteur des falaises ocre rouge de la plage de la Mine d'or. En cette fin de matinée ensoleillée, le site mérite bien son nom mais les pépites les plus belles ici sont noires! La troupe de macreuses semble ressentir une irrépressible envie de célébrer la fin d'un hivernage mouvementé. Le grand défi nuptial est lancé. Les femelles aux joues claires paraissent indifférentes mais au fond elles admirent comme moi le spectacle. Qui, de tous ces chevaliers noirs, fera jaillir la plus longue, la plus haute gerbe bouillonnante? Sur l'onde alanguie, à gauche, à droite, en face, les déchirures argentées naissent l'espace d'un instant. Les canes choisiront leur champion au sein de cette équipée sauvage de scooters des mers.

Mergule nain, †
la Turballe
imm.
(toilette)
+ clair
— ♂ d'un an
♂ ad
♀ ad
♂
ad.
queue parfois
basse
④
③
②
①
parade nuptiale du mâle
couple
Pénestin, 10 Fév. 90
- Macreuse noire -
plage de la mine d'or

Pas de mouron pour les alouettes

L'hiver trop doux cette année, n'a pas apporté son lot attendu de visiteurs nordiques. Insensiblement, le printemps a mis son scénario en place. Côté Loire, le héron arpentant le rivage me donne un sentiment de déjà vu, le dessin s'inscrit trop facilement, sans surprise… Je décide de tourner résolument le dos au fleuve royal qui semble vouloir n'offrir que des images connues.

Dans les arbres encore en sommeil, les passereaux me donnent une bonne occasion d'ouvrir ma boîte d'aquarelles. Les bouvreuils jouent les sécateurs dans les buissons de prunelliers dominés par une rangée de peupliers où j'observe un couple de grosbecs. Le mâle gazouille timidement, conscient de la fragilité de ces beaux jours. Gavée de baies de gui, une grive draine s'accorde une longue séance de toilettage.

Dans les champs, la compagnie de perdrix grises rassemble en un mouvement solidaire ses cinq membres. Cinq rescapés d'une saison de fuites éperdues devant l'opiniâtre volonté des chiens de chasse à les débusquer. Les alouettes, deux par deux, ont retrouvé le temps des repas faciles, fini de se faire du mouron pour quelques graines glanées de-ci, de-là.

14 février 95, Val de Loire

Le petit prince des glaces

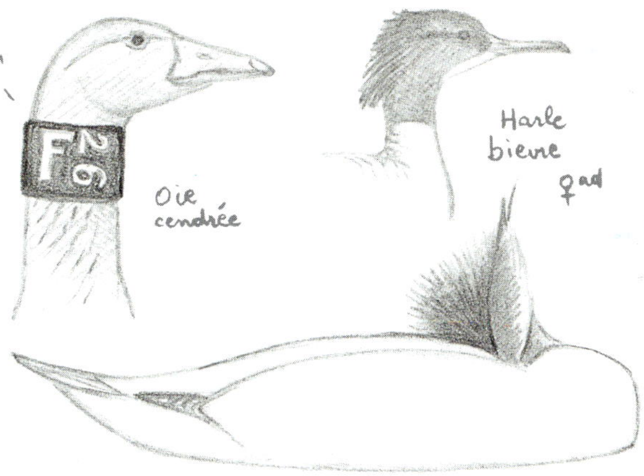

La neige de la semaine dernière a lentement fondu, laissant place à des terres molles, gorgées d'eau que la nuit transforme en feuilles de cristal éphémères. Les étangs n'ont dégelé qu'en surface. Le grand fleuve, qui n'est glacé qu'en ses rives, réunit tous les suffrages des palmipèdes. Même si de nouveaux acteurs entrent en scène chaque jour, la pièce n'a pas changé. Ils le savent, ils le pressentent instinctivement, la glace n'est plus qu'artifice, décor fragile, et le moment est venu d'entreprendre la longue remontée vers le Nord.
Hier, les garrots à œil d'or tenaient les premiers rôles. Aujourd'hui, ce sont les harles piettes qui sont sous les feux de la rampe. Les mâles donnent une impression de pureté qu'aucun autre canard n'égale, pas même l'élégant pilet. Le froid ne semble pas les atteindre et je m'amuse de leur vivacité. Ils plongent sous les larges étendues de glace durant plusieurs minutes, sans crainte de ne pas retrouver le chemin de l'air libre.
La qualité d'un hiver, à l'aulne d'une échelle de valeur toute personnelle, se calcule non pas en degrés mais bien en piettes! Aujourd'hui ils sont 17 dont 6 mâles, demain j'en compterai 44 et le lendemain 74 dont 21 mâles! Injustement, en leur présence j'ai tendance à négliger le reste de la gent ailée. Mais que pèsent ce midi les quatre groupes d'oies cendrées, les vingt-sept harles bièvres, les six garrots et tous les autres canards en regard du petit prince des glaces?

L'étranger

La première fois reste la première fois, inoubliable, inégalable en émotion… Malgré tout, aujourd'hui, mon cœur a battu la chamade à la vue de cet oiseau venu des steppes orientales. Ainsi, dix ans plus tard et six cents mètres plus loin, il m'est offert une seconde chance d'apprécier les tons sable rosé du vanneau sociable. Comme la fois précédente, justifiant son nom, il s'est joint à un groupe de vanneaux huppés. Comme le 4 octobre 1988, sa halte n'a pas excédé deux heures. Sur le chemin du retour qui le conduira vers les plaines d'Asie centrale ou du Kazakhstan, s'offrira-t-il au regard d'un autre passionné? J'aime à le croire.

J'enchaîne sans peine vingt-cinq croquis tant il est aisé de dessiner sous adrénaline avec la conscience aiguë de la fugacité d'une telle rencontre. L'étranger semble bien admis au sein du groupe local dont il suit les activités. Tout le monde s'envole, il s'envole. Tout le monde se nourrit, il se nourrit… La toilette d'un vanneau entraîne invariablement celle de son voisin. Ainsi, de proche en proche, toute la bande se retrouve bientôt affairée à mettre bon ordre dans son plumage. L'oiseau égaré ne m'offre en réalité qu'une courte série de scènes ordinaires. Des poses que je jugerais objectivement bien banales chez son cousin huppé. La raison de la séduction est irraisonnée et je plonge à cœur perdu dans le regard de mon modèle aux joues trop fardées…

26 février 98, Val de Loire

Images empilées

Dans les terres, un seul pilet ou un pluvier s'annonce et mes crayons opèrent sans calcul. Ici, d'un seul coup d'œil, je toise plus d'un millier de canards, sarcelles, tadornes et bernaches… Les bécasseaux variables se comptent par milliers. Le golfe du Morbihan rassasie les plus gargantuesques envies d'oiseaux. Comment faire, par quel bout entamer une telle compilation d'images?

Après avoir détaillé la multitude grouillante, il faut se décider, choisir. Isoler une scène, l'apprivoiser, la comprendre, l'aimer. Ici je prends deux bernaches cravants, là ce pluvier argenté à l'atterrissage et, plus près la trottinante course d'un tournepierre. D'autres images s'imposent pour des raisons purement ornithologiques comme les variations de plumage des laridés.

Esthétiquement, les pilets restent les maîtres des lieux. Ils emplissent les vases bleues de leur élégance. Après une série d'attitudes actives, je m'attarde sur la partie gauche d'un groupe se reposant sur un lit d'algues en compagnie d'un siffleur. Comment être satisfait en sachant que sous mes yeux plus d'un million de compositions picturales sont possibles…

L'aube des temps

11 mars 84, Sologne

L'aube est déjà bien avancée mais un brouillard lourd et gris emprisonne encore l'étang. Je devine plus que je ne vois réellement les oiseaux présents. Les échos d'une vie lacustre bien connue me parviennent par bribes parmi les cris braillards des mouettes fêtant leur retour à la colonie. Ici l'éternuement réprobateur d'une foulque, là-bas les cancanements éraillés des chipeaux et les grognements brefs du grèbe huppé. Deux mouettes surgissent, presque nettes. Découvrant ma présence, elles m'insultent tout en se dissolvant dans le gris. Je n'ai aucune illusion sur ce que ces commères sont en train de raconter sur mon compte!

Condamné à l'impuissance, mon esprit s'égare dans les nappes de brumes opaques. L'atmosphère de ces matins solognots est si particulière, si propice au mystère que la vision d'une tête de diplodocus ou autre brachiosaure émergeant des eaux grises ne me surprendrait qu'à peine…

Le rideau s'est déchiré d'un coup. L'astre solaire met un terme au voyage temporel. Cent cinquante millions d'années plus tard tout est en place. Les oiseaux existent, je peux exister aussi…

À la croisée des chemins

Un rougegorge se met en boule, peut-être fâché contre la météo maussade. Il rejoint le fleuve où il croise cinq bergeronnettes des ruisseaux. Les lavandières gambadent sur le sol humide en quête de vermisseaux. Le vent prend un malin plaisir, qu'il m'offre, à bousculer l'ordonnance rectiligne de leur longue queue. Les bergeronnettes ne feront qu'une courte halte ici, jugeant ce ruisseau bien trop grand. Cette espèce apprécie une eau fraîche et vive qu'un tel fleuve ne saurait maintenir aux temps chauds. Le cochevis restera, c'est sûr. Cette alouette huppée n'a jamais aimé les voyages et préfère garder le contact avec les chevaux du secteur. Leurs crottins sont une manne de graines… Quant aux grives, difficile à dire. Nicheront-elles dans les bosquets voisins ou à plusieurs milliers de kilomètres des rives de la Loire? Leur attention se porte aujourd'hui sur les vers de terre. Elles sautillent, s'arrêtent brusquement, semblent écouter la terre puis fouillent rageusement le sol de leur bec. Ces images ne sont qu'instantanés, le résumé d'un jour à la croisée des chemins.

Parfums boisés

Le jour va bientôt naître et je n'ai toujours pas décidé de la direction à prendre. Le milieu aquatique ayant trop souvent monopolisé mon intérêt ces temps-ci, j'opte pour une promenade dans les bois.

La fraîcheur monte, chargée d'une odeur âcre et lourde d'humus. Les bourgeons s'ouvrent avec timidité. Par jeu, pour augmenter l'envie également, je pigmente la sortie en m'imposant un rythme d'une douzaine de croquis à l'heure. Le pouillot véloce lance ses « zip-zap » avec une application de métronome, officialisant ainsi l'arrivée du printemps. Un chevreuil s'offre les premières pousses du chèvrefeuille en guise de petit déjeuner. Mésanges, grimpereaux et sittelles ont rompu le lien de leur ronde hivernale collective. Chaque espèce a repris sa destinée propre. Les couples, déjà formés, n'ont plus que des idées de nid en tête.

Dans l'après-midi, un peu plus au sud, la rencontre d'une bécasse, probablement dérangée de sa retraite par un promeneur, clôture cette agréable journée aux parfums boisés.

16 mars 97, Sologne

Giboulée de Mars

L'étang nouvellement créé révèle un pouvoir attractif insoupçonné sur la gent palmée. Les canards de la région viennent à tour de rôle évaluer sa richesse…

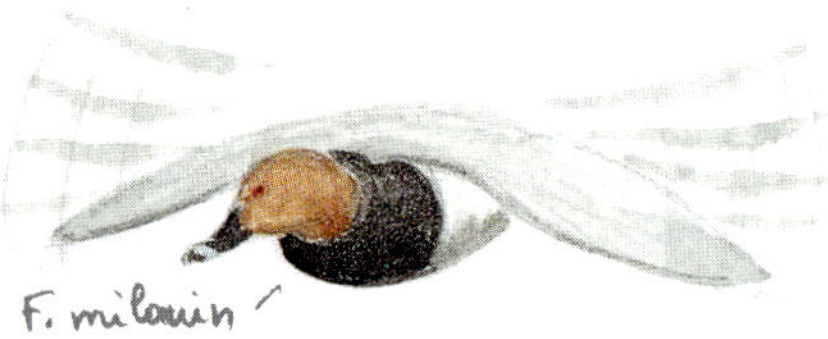

Le jeune saule n'a pu contenir longtemps les cinglantes flèches d'une pluie glaciale. Il fait un froid de canard et je dois battre en retraite. Quel dommage de ne pas pouvoir profiter plus longtemps de ce souchet mais le crayon ne marque plus rien sur le papier humide.

Cette giboulée, nettement orientée à l'ouest, autorise au moins l'ouverture en grand de la vitre passager de ma voiture. Ruisselant, je m'évapore… Par l'ouverture zébrée d'une averse intermittente, je cherche de nouveaux modèles dans le champ encore vierge de semailles. Deux œdicnèmes criards, les fameux courlis de terre, m'observent depuis longtemps sans doute avec leurs grands yeux jaunes. Se souciant peu de ces giboulées de mars, le couple entame un pas de deux. Une parade qui devrait trouver son aboutissement par une couvée si un labour tardif ne vient pas tout engloutir. Indifférente à ces épousailles, une corneille s'acharne sur la peau coriace de la taupe qu'elle vient de capturer.

29 mars 87, Sologne

Nette arrivée des africains

Partis dans les brumes froides du Val de Loire, nous goûtons avec plaisir à la douceur du printemps camarguais. Un butor navigue à battements d'ailes comptés au-dessus de la houle dansante des roseaux. La huppe n'a pas quitté son perchoir nocturne que, déjà, échasses, barges et chevaliers, aiguille en tête, ont recousu la moitié du manteau marécageux. Hors de l'eau, ses pattes roses et démesurées donnent à l'échasse des allures de flamant miniature. L'éclosion spectaculaire des insectes profite à tous. Les migrateurs reprennent des forces : hirondelles, bergeronnettes et pies-grièches mettent les bouchées doubles. Nullement troublées par ces émigrants venus d'Afrique, les nettes rousses se nourrissent avec entrain dans les eaux saumâtres du Vaccarès. Les canards poursuivent leurs agapes en cette matinée paisible, sans mistral et sans chasse, sur les eaux rigides, tapissées d'algues et de plantes. Les nettes plongent vers le fond d'où elles arrachent les végétaux qu'elles mâchent à l'air libre. Les femelles ne peuvent rivaliser en éclat avec leurs époux bariolés ; le soleil se plaît à allumer l'orange de leur coupe en brosse, à faire luire le rouge de leur bec, à lustrer leur plastron noir.

Une soirée chez le grand Duc

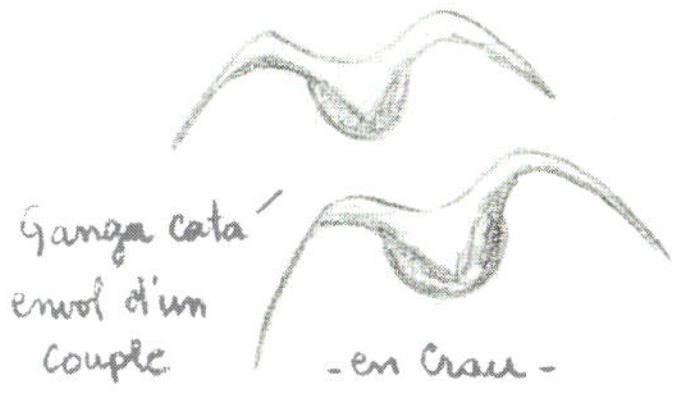

Cailloux parmi les cailloux, les gangas auraient pu demeurer invisibles s'ils n'avaient pas eu peur de mon approche innocente. Ils s'envolent au-dessus de l'immense champ de galets d'une mer oubliée, la Crau, le désert français. Les rares buissons accueillent huppes et fauvettes. Les moutons paissent dans le coussous riche et parfumé, indifférents aux crécerellettes qui, du haut de leur vol en Saint-Esprit, traquent les criquets. Pour le même menu, la pie-grièche méridionale se contente de guetter au sommet d'un tas de pierres ou sur un fil. À l'horizon, la pâleur des Alpilles nous invite.

Le soleil disparaît derrière un versant escarpé. Il reste plus d'une heure avant qu'il ne se couche réellement et je suis surpris d'apercevoir si tôt le maître des lieux. Le grand-duc impose son impressionnante silhouette au sommet d'un piton à l'ombre alors que les oiseaux diurnes n'ont pas encore rejoint leurs retraites nocturnes. Veut-il impressionner? Il ne bouge pas, se contente de tourner sa grosse tête. Au crépuscule, il s'ébroue avant de partir à la chasse. Notre observation ne s'achève qu'à la nuit noire et nous restons encore, envoûtés pas ses hululements que les parois calcaires renvoient en écho.

Les hidalgos castillans

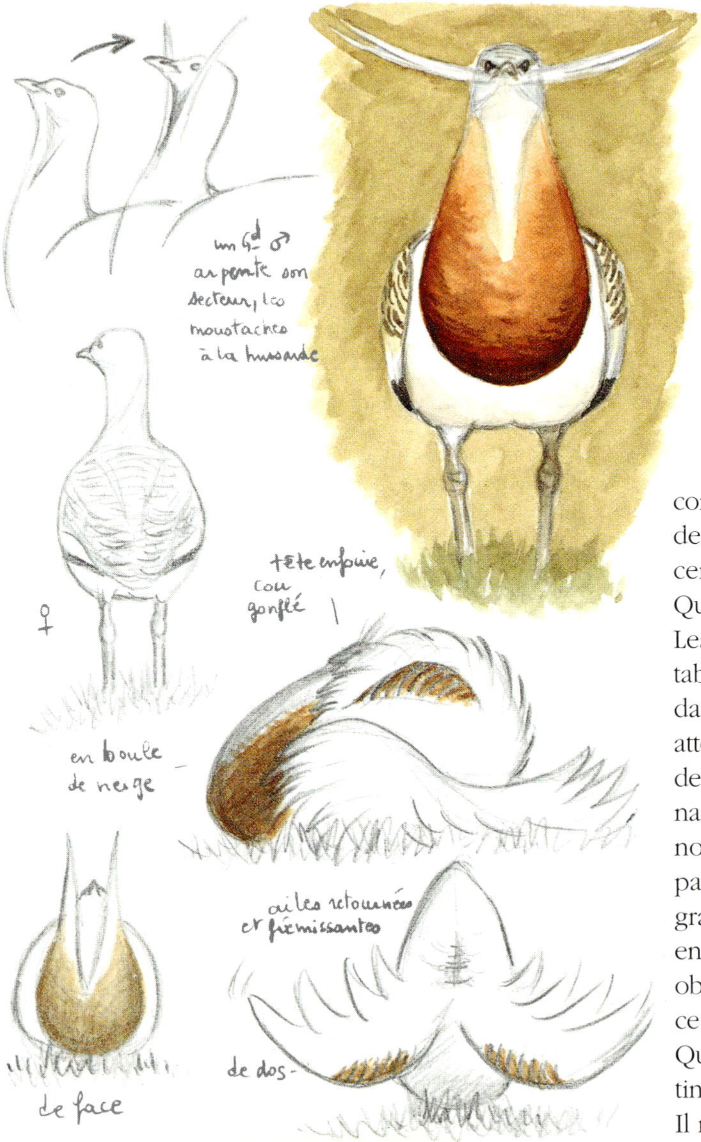

La tête pleine d'outardes depuis hier soir, jour du premier contact avec cet oiseau si souvent rêvé, je guette la pâleur timide de l'Orient. Une première silhouette, puis deux, dix, cent, trois cents rêves d'oiseaux prennent corps dans la roseur de l'aube. Que la fête commence!

Les mâles, bien plus imposants que les femelles, sont de véritables autruches européennes. Majoritaires autour de la saline et dans les cultures environnantes, ils entament le grand combat attendu. Un combat pacifique durant lequel, imitant la grenouille de la fable, ils doublent de volume dans des postures impressionnantes. Tout autour, la blancheur éclatante des mâles en parade nous donne l'impression d'être au centre d'un troupeau. Ils se pavanent, exhibent leurs moustaches à la hussarde, jouent les grands chefs sioux, les notables ventripotents, se trémoussent enfin, pour se transformer en énormes boules de neige… Il faut observer avec attention la manœuvre afin d'entrevoir la magie de ce tour de passe-passe.

Quoi que nous en pensions, ce spectacle-là ne nous est pas destiné, les mâles ne cherchent en réalité qu'à accroître leur harem. Il reste encore de la route avant d'atteindre l'Estrémadure et nous quittons à regret les hidalgos castillans.

6 avril 90, Castille, Espagne

Les beaux de Provence

Vaincue par « l'industrialisation » de l'agriculture, la petite outarde de mon enfance a déserté la Beauce. Ici, dans la Crau pas encore rongée par un bouleversement à venir, la canepetière résiste. Les « pets » incongrus, de la bien susnommée, préludent aux danses prochaines. Le col noir en V des mâles confirme que l'heure des amours a sonné. Les outardes disputeront aux œdicnèmes et aux gangas une parcelle de l'ancien rivage néolithique.

L'après-midi nous changeons radicalement de décor. À l'horizontalité parfaite du mini désert, s'est substituée la verticalité cahoteuse des falaises ocre sable des Alpilles. Le sifflet du merle bleu, le monticole, se mêle aux babillages désordonnés des passerinettes.

C'est au sommet d'un promontoire, difficilement accessible, que nous rencontrons le percnoptère. Avec sa coiffe hirsute, le petit vautour blanc nous fait penser à quelque vieil Indien solitaire. Solitaire, il ne le reste pas longtemps; un second oiseau apparaît majestueux, dans le ciel bleu. La suite de l'observation indique sans équivoque qu'il s'agit là d'un couple… Le destin précaire de ces nobles rapaces semble contenu dans l'impression de fin de règne dégagée par leur allure de vieux beaux.

Ma part de désert

Au milieu de « nulle-part-en-rocailles » le regard se perd sur un horizon que la chaleur semble mettre en ébullition. Les pluies de la fin de l'hiver ont semé la vie et je m'étonne du nombre d'oiseaux qui le savent. Sur fond de toile monochrome, alouettes et hirondelles tracent d'élégantes arabesques sans se préoccuper du passage du grand vautour noir. La comparaison directe avec la canepetière accentue l'impression de puissance donnée par l'outarde barbue, l'un des plus lourds oiseaux volants du monde. Entre des gros blocs rocheux coule un filet d'eau claire qui devient vite le cœur d'une agitation visible. Fauvettes à lunettes et moineaux espagnols disputent aux traquets et aux pies-grièches les rares buissons. Sur la plaine, les faucons se joignent à l'élanion pour un ballet que les criquets n'apprécient guère. Tous les oiseaux se partagent une part de désert. De mon côté, côté voyeur, je frise l'indigestion…

Si je n'avais pas trouvé ce petit cours d'eau d'une fraîcheur délicieuse, ma petite famille aurait vite jugé cet endroit, au mieux, charmant mais spécial !
À quoi bon marcher sous le soleil et dans quelle direction ? Parti ailleurs, j'aurais peut-être manqué la cerise sur le gâteau : le ganga unibande.

10 avril 90, Estrémadure, Espagne

Sans modération

Trop accaparé par le manège sautillant d'un traquet rieur proposant à sa dame divers sites de nidification, je n'ai pas prêté attention aux alentours. Ce n'est que lorsque le vautour est arrivé en vol, face à moi, toutes pattes tombantes, que j'ai compris. Descendu plus bas afin d'apaiser son inquiétude, je le croque rapidement sur le nid qu'il a rejoint, avant de m'éclipser. La réserve de Monfragüe offre une richesse avienne que peu de sites européens égalent. La concentration de rapaces, notamment, est unique. Le lieu héberge l'un des oiseaux les plus rares : l'aigle ibérique avec lequel j'ai rendez-vous demain. Les falaises arborées sont le décor de nombreux croquis : crave, merle bleu, bruant fou, moineau soulcie, hirondelle de rochers, cigogne noire…
En fin d'après-midi, nous rejoignons les terres basses, prairies maigres piquetées de chênes verts, la dehesa, où paissent d'impressionnants taureaux de combat. Cette journée, qui détiendra longtemps le chiffre record de dessins, n'en finit pas d'offrir en cascade les observations dont il ne serait pas raisonnable de ne pas garder la trace. Deux coucous geais chassent les chenilles en compagnie des pies bleues. Le nombre de croquis (plus de cinquante dans le même pré) n'est limité que par ma capacité de réaction, tant le spectacle est permanent. Le dîner est entrecoupé de nombreuses séances de « travail ». Les coucous geais semblent participer à l'ivresse du moment qu'un bon vin local arrose…

13 avril 90, Estrémadure, Espagne

Les squatters

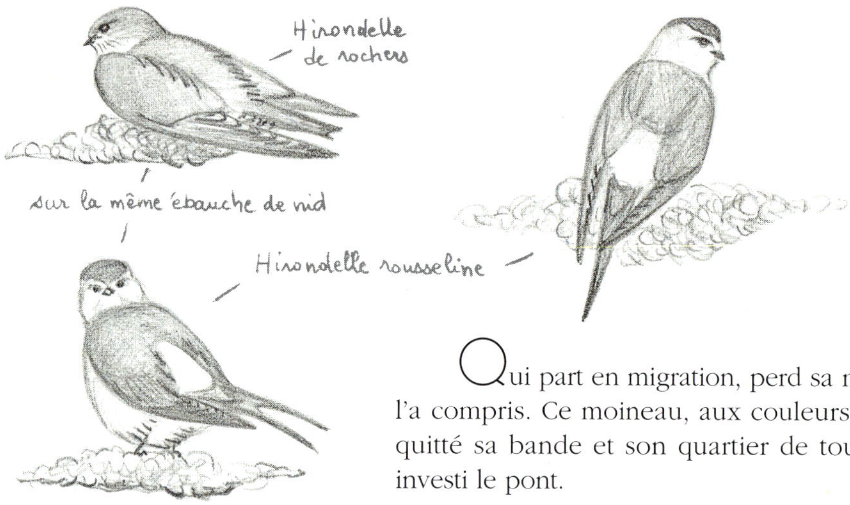

Qui part en migration, perd sa maison ! Même au Portugal, le moineau espagnol l'a compris. Ce moineau, aux couleurs plus vives que celles de notre pierrot, n'a pas quitté sa bande et son quartier de tout l'hiver. La volée de voyous sympathiques a investi le pont.

Ce pont n'enjambe qu'un maigre ruisselet que l'été étanchera sans peine. Dans les trous les plus profonds, des tritons marbrés et de Bosca font l'ascenseur, gobant régulièrement une bouffée d'air en surface avant de s'évanouir sur le fond.

L'aménagement intérieur des nids est déjà bien entamé lorsque, benoîtes, les hirondelles rousselines sont revenues d'Afrique. Au printemps dernier, elles avaient mis beaucoup de soins, des centaines de boulettes de terre, afin de former cette gourde parfaite et voilà que des squatters indélicats occupent les lieux. Les moineaux ont élargi l'entrée et tapissent l'intérieur du logis à grands renforts de végétaux fleuris. Vivre sous les ponts dans cette région où l'ombre et la fraîcheur sont des denrées rares, c'est un peu comme bénéficier d'un appartement dans un quartier chic. Nous n'avons pas les mêmes valeurs…

16 avril 96, Alentejo, Portugal

Couple cherche logement

L'intuition était bonne. Ce bois, apparu sombre et impénétrable dans les phares, s'avère au petit jour gai et aéré. Le réveil est des plus « engazouillé ». Mésanges et fauvettes y vont de leurs refrains. Le mélange d'arbres méditerranéens et d'essences d'Europe tempérée réunit tous les suffrages du petit monde de la forêt. Pics, grimpereaux et sittelles cherchent pitance en escaladant des troncs crevassés à souhait. Un pouillot, au fort accent ibérique, étrenne son tout nouveau statut d'espèce à part entière que de doctes systématiciens lui ont accordé sans qu'il s'en doute.

Un rougequeue chante au sommet d'un pin. Sa ritournelle est rapidement étouffée par d'incisifs « kin-kin-kin » lancés par un torcol. Le bavard est rejoint par un congénère silencieux. La finesse du plumage de ces presque pics en fait des sujets bien délicats pour le dessinateur. Il s'agit d'un couple en mal de logement. En ce lieu, le problème réside en un trop grand choix d'appartements. Les formes alambiquées et les multiples excavations font de chacun des chênes-lièges un véritable immeuble. Le mâle va de loge en loge en clamant sa trouvaille. Il trouve que Madame est bien tatillonne !

Délire d'alouettes

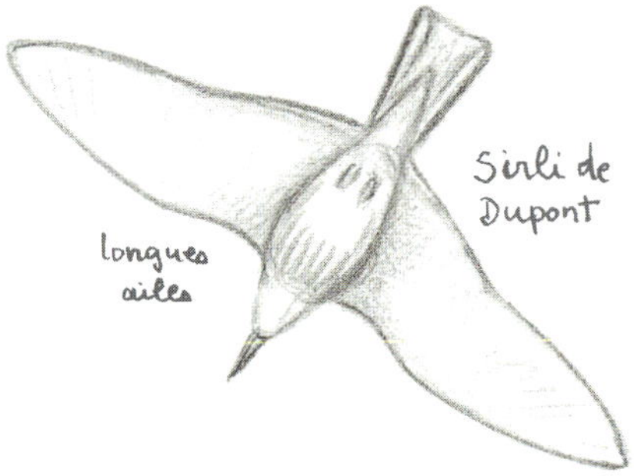

Là où la plaine n'offrait jadis que friches rares et cailloux ronds aux troupes bêlantes, de squelettiques pieds de tournesol s'égaillent tous les quinze à vingt mètres sur des milliers d'hectares! Ce bouleversement est le fruit des généreuses subventions agricoles versées par la communauté européenne…

Il nous faudra faire bien des détours avant de pénétrer dans un secteur originel que la charrue n'a pas retourné. Tout respire la vie sur la terre rouge de ce pré-désert. Dans l'air parfumé de camomille, de sarriette et de thym, les alouettes rivalisent de trilles. Incontestables maîtresses des lieux, elles profitent de la maturité optimale de ce printemps. Toutes savent que cette profusion d'insectes, de sucs et de chlorophylles ne sera bientôt plus qu'un souvenir que l'été aragonais aura vite lyophilisé. Une pispolette posée sur un buisson égraine sa ritournelle tandis qu'une autre parade au sol. Gangas et perdrix trouvent ici, sans peine, une nourriture abondante tout en surveillant le passage des nombreux rapaces.

Le chant des grosses calandres surclasse en puissance celui de toutes les autres alouettes jusqu'à l'instant où un tonitruant sifflet déchire l'espace. Une alouette aux allures effilées se pose dans le coussous. Je découvre non sans mal l'objet majeur de ce voyage parmi les cailloux et les fleurs. Bec largement ouvert, le sirli de Dupont me salue…

Hôtel des voyageurs

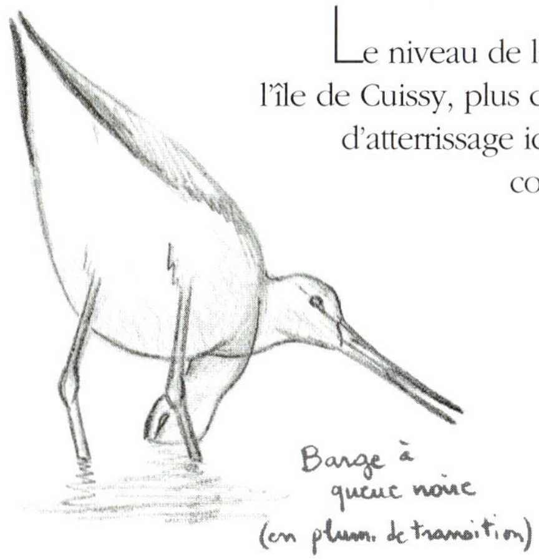

Le niveau de la Loire n'a cessé de baisser. Dans la partie est de l'île de Cuissy, plus d'un hectare de plage caillouteuse offre une piste d'atterrissage idéale aux migrateurs. Un beau chevalier arlequin costumé de noir profite de cette escale nourricière.

C'est en suivant les enjambées volontaires d'une bergeronnette printanière que je croise la démarche sautillante du bruant ortolan. Il chemine sans hâte, bas et tassé telle une souris, apparaissant et disparaissant entre les cailloux blanchis par le soleil. Trop loin pour deviner mon regard gourmand, il poursuit sa quête de nourriture tout en restant vigilant. Ses coups d'œil vers le ciel mettent en lumière le dessin original de sa tête. Une pluie fine et brève lui offre l'opportunité de prendre une douche à bon compte. Tout en travaillant, je songe à cette tradition qui vaut à ces vingt-cinq grammes de plumes de figurer au panthéon de la gastronomie. Je préfère me gaver de ses mimiques pleines de bonhomie… J'allais partir lorsqu'un autre passereau entre dans le champ de ma longue-vue : un pipit à gorge rousse. Encore un migrateur qui reprend son souffle avant la Laponie.
Le lendemain, il me faudra une heure pour retrouver l'ortolan et une heure de plus afin de réussir l'image que j'avais en tête : le face-à-face des deux petits voyageurs.

Figures Imposées

La présence d'une forte colonie de mouettes rieuses, apparemment envahissante, est bien au contraire synonyme de sécurité pour les autres oiseaux. Au moins six espèces de canards nichent sur cet étang. Les canes de colvert promènent déjà leurs couvées. Les sarcelles et les morillons cherchent la touffe discrète où nicher. Les chipeaux, comme les souchets, s'accouplent. Chez les milouins l'animation bat son plein : probablement célibataire, une cane doit subir les assauts d'une dizaine de mâles qui ne le sont pas!

Quelques guifettes moustacs prospectent le marais par couples en vue d'une installation prochaine. Les mouettes pygmées, elles, ne feront que passer. Les grèbes à cou noir recherchent délibérément la compagnie bruyante des mouettes. J'en dénombre au moins quatre-vingts ce matin. Difficile de dire s'ils nicheront tous sur cet étang. Quelques couples ont déjà dépassé le stade des fiançailles. Indifférents à l'agitation environnante, ils concrétisent leur union dans une joute amoureuse strictement codifiée. Ils répètent, comme l'on fait des milliers de générations avant eux, les mêmes figures imposées.

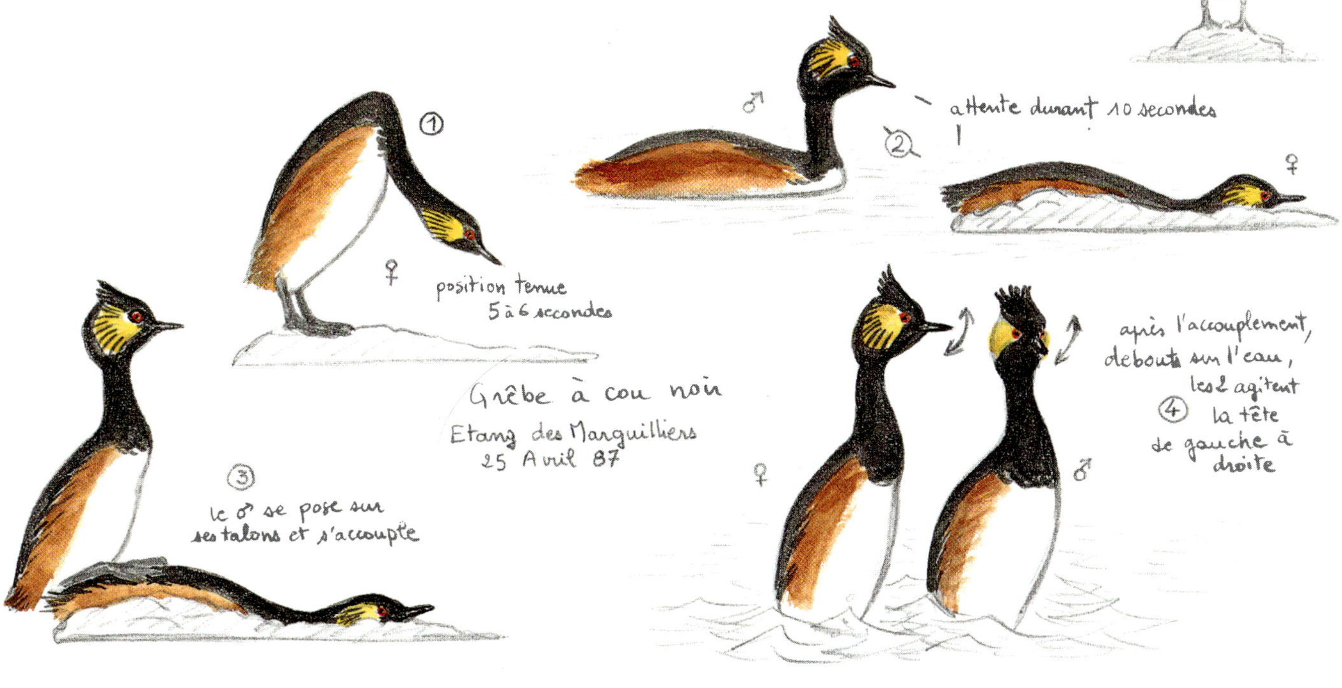

400 coups dans le delta

Depuis dix jours l'Ebre a servi de fil rouge à notre périple. Il a fallu approcher son delta pour contempler autre chose qu'un rio sec, souvent encombré d'ordures diverses… La politique franquiste du tout barrage (les *embalses*) s'avère assez désastreuse pour la faune et pourrait accélérer la désertification. Îlot de nature au centre de la Costa Brava, le delta de l'Ebre reste un haut lieu ornithologique.

Déambulant autour de l'immense roselière, je capture, ici ou là, les battements épars du cœur de cet écosystème. Le plumage beige des fauvettes aquatiques (rousserolles, locustelles et cisticoles) rend l'observation délicate malgré les vocalises. Hérons pourprés et nettes rousses ne chantent pas mais leur taille et leurs couleurs vives les trahissent. Plus près de la mer, glaréoles et gravelots à collier interrompu cohabitent avec les alouettes pispolettes. Ils se faufilent entre les salicornes avant de s'envoler au-dessus d'une terre blanchie par le sel. La Méditerranée est à deux pas.
Je n'avais pas encore eu l'opportunité d'observer le goéland d'Audouin, considéré il y a peu comme rare et menacé. Un ou deux oiseaux auraient amplement comblé cette lacune. Mon premier regard sur la première assemblée de laridés me donne à voir quatre cents de ces goélands d'un coup!

26 avril 93, Catalogne, Espagne

Le gardian

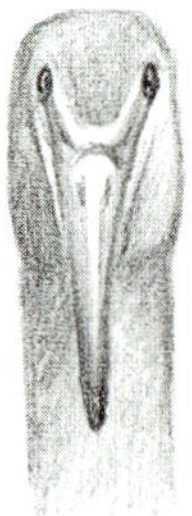

La Camargue sommeille encore et la sterne caspienne prolonge un peu son temps de récupération avant de rejoindre sa Baltique natale. Les flamants roses font partie du décor et j'oublie souvent de les immortaliser sur mes pages. Ces géants fragiles débuteront leur carrousel de pattes et de cou interminables lorsque l'eau saumâtre aura gagné quelques degrés.

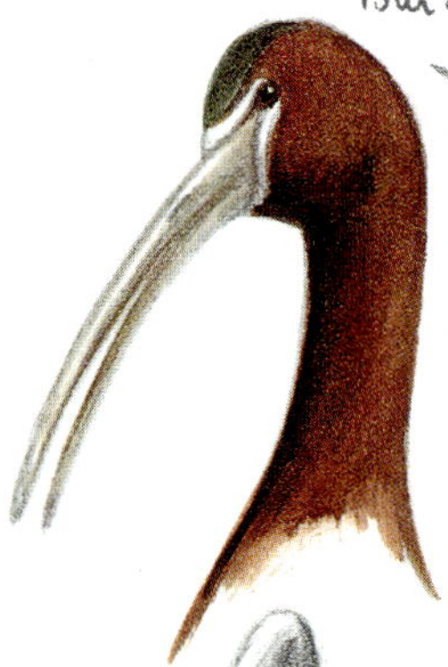

La chaleur est vite montée malgré le mistral. La rencontre avec un groupe d'ibis falcinelles m'a surpris. Cette venue a été le prélude d'une nidification que la Camargue n'avait plus connue depuis des décennies. Sous le soleil désormais au zénith, les riches reflets verts, écarlates et pourpres des échassiers en font des oiseaux au plumage changeant. Autour des étangs, pioche en avant, les ibis extirpent du sol humide vers, escargots, limaces et insectes qui font leur régal. Un héron gardebœufs joue au gardian, juché sur la croupe d'un cheval camarguais afin de mieux observer la scène. Le manège des touristes pressés et de leurs voitures bruyantes s'intensifie. Nous nous esquivons vers de secrètes destinées. Un couple de faucons kobez hante ce secteur de la Crau, les gangas catas font leur ronde du soir. Demain sera un autre jour…

Surexposition

Face au soleil, quatre grèbes huppés errent sans but au centre d'un fleuve au débit trop inconstant pour risquer d'y établir un nid. Les passereaux n'ont pas cette préoccupation et leur emploi du temps est des plus chargés. La chaleur de ce début d'après-midi n'entame en rien leur détermination à mener à bien leur mission parentale. Afin d'encourager sa femelle au nid, la fauvette grisette papillonne sur fond de ciel azur tandis qu'une mésange bleue fait du parachute. Ailes et queue ouvertes, le mâle en parade descend à plusieurs reprises, au ralenti, du haut de son peuplier. Dans les prés, étourneaux et bergeronnettes chassent les insectes dérangés par le déplacement nonchalant des charolaises.

J'ai provoqué involontairement l'envol d'un moyen duc qui n'a pas cru jusqu'au bout en son pouvoir mimétique. Il cherche un nouvel abri ombragé où soustraire ses beaux yeux écarlates à l'éblouissante clarté du soleil. Une corneille lui barre la route. Contraint et forcé, le hibou traverse la Loire de son vol silencieux, vers un bosquet de jeunes peupliers d'où il ne ressortira pas avant le crépuscule.

2 mai 97, Val de Loire

Pour trois briques

Les quatre barges rousses sont arrivées dans la nuit. La femelle, beige, est gracieuse mais ses trois compagnons sont plus remarquables dans leurs atours d'un brique intense. Une soixantaine de limicoles se partage les abords de l'île dans la plus paisible des cohabitations. Chacun traque le crustacé, le vermisseau ou la larve que les beaux jours ont fait naître. Barges, combattants, bécassines et chevaliers articulent leurs gestes sans jamais omettre d'ajouter un soupçon de grâce. Ils écrivent à l'ancienne dans le grand cahier ligérien ; ils savent la valeur des pleins et des déliés.

Les trois barges rouges, plus rares et plus belles que les autres, m'attirent irrésistiblement. J'inscris en désordre chacun de leurs faits et gestes. Affamées par le voyage déjà accompli et par celui qui reste à faire, elles sondent sans relâche la vase. Leur bec légèrement incurvé y trouve les minuscules proies que leurs yeux ne peuvent voir. Se restaurer est important mais entretenir sa tenue par de longs bains sous le soleil de midi ne l'est pas moins.

En soirée, l'envie de dessiner à nouveau mes belles étrangères est la plus forte. De toute façon je serais bien revenu pour rien, alors, pour trois briques !

Juste pour le plaisir

Le vent me pousse gentiment et mon vélo, qui connaît bien ce parcours pour l'avoir emprunté quelques centaines de fois, roule tout seul. Si je ne vois pas d'oiseaux intéressants, tant pis, c'est juste pour le plaisir…
Un milan noir est posé sur la rive, l'arrêt devient obligatoire. Il mange un poisson mort ou malade raflé à la surface de l'eau. Le rapace est satisfait d'avoir évité la convoitise des corneilles mais il n'échappe pas à celle de la pie. La voleuse est certaine de récolter quelques miettes. L'aquarelle achevée, mon vélo repart.
La balade retrouve son tempo de volupté. Encore cinq kilomètres, et demi-tour. J'accueille la vision d'une spatule avec un sentiment mitigé de superflu. Il a suffi d'une saute de vent sur la crinière de l'échassier pour que l'envie, l'indispensable envie, me gagne. Carnet, crayons et aquarelles sont à nouveau de service.
La spatule, encore rare à l'époque, augmente ses apparitions au rythme de l'extension de ses colonies hollandaises. Je profite au mieux de la moitié de mon modèle, le reste du corps est caché par les repousses d'un saule. C'est de toute façon le meilleur morceau. Je m'amuse des effets ébouriffants du vent dans sa coiffe. Son bec, qui d'évidence lui vaut son nom, mérite à lui seul le détour.

Une odeur de rareté

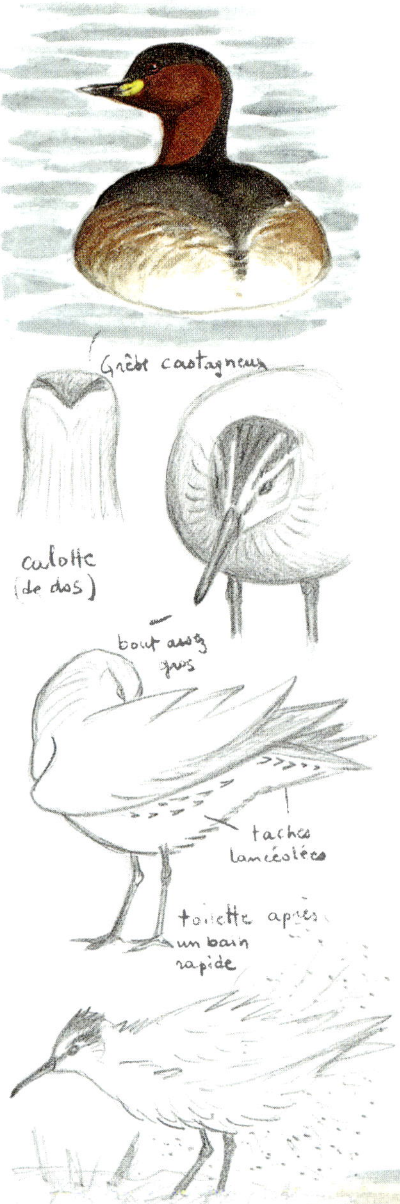

Il faut être ornithologue pour visiter des endroits pareils. L'odeur, souvent, suffit à elle seule pour dissuader tout curieux de mettre son nez ici. Précisément, la tranquillité du lieu est un atout important. Ajoutez à cela une microfaune très riche et vous obtenez une véritable oasis au cœur de la plaine beauceronne. Il y a dix ans, j'y venais pour les calandrelles et les ortolans nicheurs. Depuis, la découverte de migrateurs exceptionnels a fait de ces bassins de décantation de sucrerie un site réputé.

L'aube se lève tranquillement. J'ai seulement le temps de m'intéresser à un castagneux et à un lièvre avant de « le » trouver. À partir de cet instant, plus rien n'existe que ce bécasseau falcinelle. Ni plus, ni moins beau que d'autres bécasseaux, il a pour attrait principal sa rareté. Une rareté qui suffit à en faire un modèle idéal pour l'observateur, plus encore pour le dessinateur. L'oiseau par chance est très actif et m'offre une large gamme d'attitudes. Ses longues séances de toilettage sont l'occasion rêvée pour « décortiquer » les subtilités de son plumage. Trottinant sur le limon nourricier, il picore avec avidité d'invisibles proies, source énergétique indispensable à ce migrateur au long cours.

19 mai 89, Beauce

Grandgousier

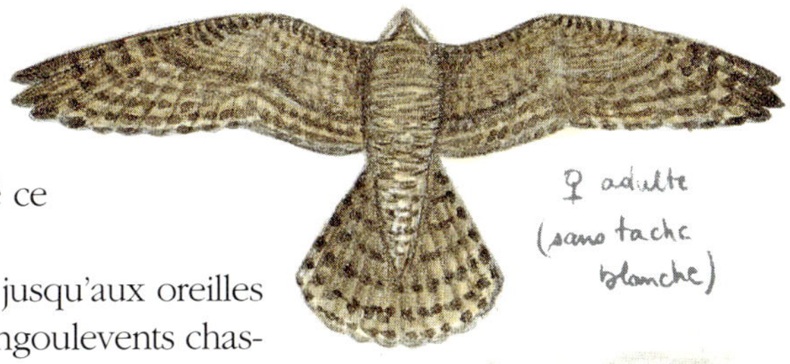

J'ai bien cru qu'il allait me manger tout cru! Le mâle est venu me provoquer à quelques décimètres. Le claquement de ses ailes se poursuit tandis qu'il tourne autour de mon visage. Son agressivité est en grande partie le résultat d'une provocation due à un système de « repasse » du chant, utilisé ce soir exceptionnellement en vue d'évaluer la densité des nicheurs.
Cet oiseau inclassable, mi-chouette, mi-martinet, ouvre une bouche fendue jusqu'aux oreilles afin de gober les insectes en vol. L'heure du ballet nocturne est venue, les engoulevents chassent dans la clairière. Les jappements interjectifs fusent de toutes parts durant cette soirée. Ailes frémissantes puis claquantes, les mâles vrillent leur queue du côté de l'intrus à impressionner. Ce soir, c'est moi! Satisfaits de leurs démonstrations, ils se posent au sol ou sur une branche dégagée pour entonner alors un chant ronronnant, ventriloque, unique…
Chaque printemps je guette son retour, certain de vivre des instants si forts que je voudrais les prolonger au-delà d'un crépuscule toujours trop court.

Symphonie crépusculaire

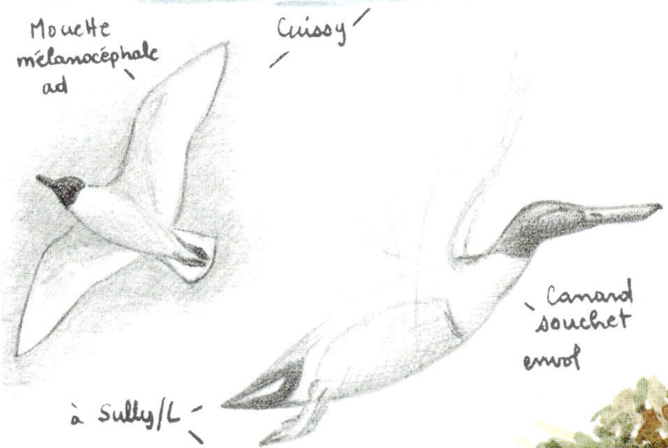

Une fois de plus, une crue tardive a anéanti les colonies sur l'île de Cuissy : mouettes, goélands et sternes désœuvrés errent alentour. Des guifettes moustacs espèrent à tort s'installer sur le tapis d'herbes émergeant provisoirement à fleur d'eau. Par pur réflexe de défense, une mouette rieuse harcèle un circaète qui n'en veut qu'aux lézards et aux grenouilles. Le souchet prend son essor vers des eaux plus calmes. Dans la grosse haie, les passereaux n'ont pas ce souci; les mares temporaires, qui baignent le bas des arbustes porteurs de leurs nids, ne gênent en rien leurs activités.

L'envie de goûter à la douceur du soir me conduit à refaire le même parcours. J'y retrouve la plupart des figurants. D'autres s'ajoutent, tel le ragondin. Dans la haie, les nicheurs poursuivent pour quelque temps leurs allées et venues, le bec chargé d'insectes.

Les visions de rossignol sous le soleil au zénith sont toujours brèves et fugitives. Le chanteur reste tapi dans l'ombre. Une ombre qui est partout désormais. Tous les oiseaux diurnes s'éclipsent, un à un, pour aller dormir. Tous, sauf un. L'heure appartient au ténor du crépuscule. L'image devient de moins en moins précise lorsque j'achève le portrait du rossignol mais son chant, à la hauteur de sa réputation, explose tel un feu d'artifice symphonique.

31 mai 99, Val de Loire

La tête ou la main ?

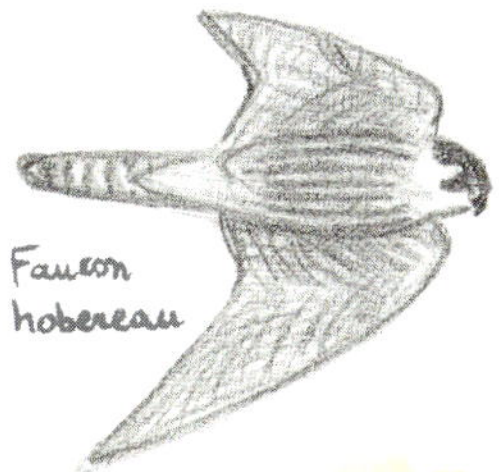

Hors de portée du faucon hobereau, les passereaux s'activent dans la futaie. Le trille monocorde d'un pouillot de Bonelli oriente mon parcours. Assis sur un tapis moussu, nez en l'air, je guette le chanteur. Ils sont deux. De retour à l'atelier, je ne comprends pas les teintes inscrites dans mon carnet. Pas de doute, ce sont celles de son cousin, le pouillot siffleur.

Une vérification le soir même s'impose. Il s'agit bien de siffleurs. Le chant du mâle est totalement tronqué mais pour le physique, rien à dire. Ce n'est pas la main qui dessine, mais bien la tête. Ce midi, j'avais sensiblement affiné la silhouette de mes modèles afin de les faire correspondre à l'image mentale supposée. Satisfait d'avoir corrigé une telle bévue et résolu à en tirer les enseignements, je poursuis la balade.

Un loriot cherche dans mes sifflets à reconnaître l'un de ses congénères. Le cerveau qui, ce midi, avait pris des vessies pour des lanternes gamberge encore. La pluie interrompt ces réflexions alors que la nuit tombe. Je rejoins à grandes enjambées ma voiture. Sur le retour, la danse de deux lucioles rouges dans les phares m'avertit de l'identité du propriétaire. C'est bien un engoulevent qui, malgré la forte pluie, chasse au milieu de la piste forestière. On ne peut pas se tromper à chaque fois!

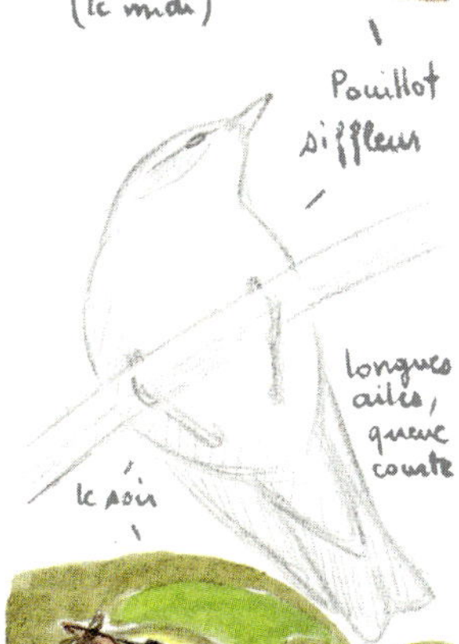

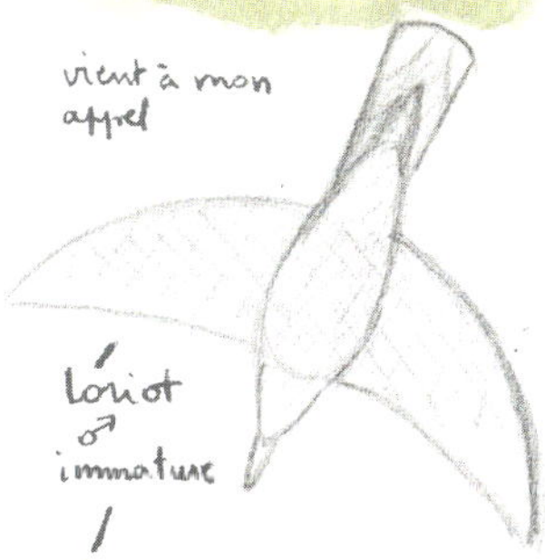

Rougegorge
7h13
Coucou gris
7h19
Canard colvert
7h20
Pouillot véloce
7h26
Grimpereau des jardins
7h41
Chevreuil
7h44
Biche (de cerf)
7h45
Balbuzard
7h47
7h57
Pic épeiche
Fauvette à tête noire
7h59
8h11
Alouette lulu
8h18
Locustelle tachetée
Linotte mélodieuse
8h24
8h34
Mésange charbonnière
8h35
Corneille noire
Mésange nonnette
8h53
9h07
Hypolaïs polyglotte
9h26
Rougequeue à front blanc
Roitelet
9h30 huppé
9h36
Milan noir
Mésange bleue
9h40
Sittelle torchepot
9h50
Buse variable
9h55
Pouillot fitis
10h31
Hirondelle rustique
10h47
Tourterelle turque
10h52
Bruant zizi
10h55
10h59
Bergeronnette grise
Chardonneret
11h01
11h10
Rougequeue noir
Serin cini
11h12
11h15
Hirondelle de fenêtre
Moineau domestique
11h19
11h21
Pie
11h26
Alouette des champs

La passion est un moteur qui marche sans peine, parfois il ronronne un peu. Afin de relancer la machine, je m'invente de nouveaux défis. Ainsi, chaque année vers la mi-mai, je tente de dessiner cent espèces d'oiseaux et de mammifères entre l'aube et le crépuscule. Une telle entreprise n'est possible qu'en calculant son trajet de façon à visiter des milieux différents et complémentaires. Une silhouette entrevue, identifiée uniquement par la voix n'est pas prise en compte. Si le dessin en ces circonstances est sommaire, la vision doit être suffisamment conséquente pour permettre de saisir une attitude authentique. Ce jour exceptionnel est également l'occasion d'élever au rang d'espèce majeure des oiseaux communs que, par négligence, je ne regarde qu'à peine le reste de l'année. À chaque fois des oiseaux, facilement vus la veille et le lendemain, manquent à l'appel du jour J, d'autres en revanche s'affichent de façon inattendue. C'est cette douce incertitude qui fait tout le charme de cet exercice. Pas question d'utiliser ce jour-là un véhicule, seule la bicyclette m'est autorisée.

La bécasse est à nouveau passée, invisible, au-dessus de ma tête, tandis que biches et chevreuils m'invectivent de leurs aboiements secs. Il est cinq heures. Depuis deux heures déjà j'ai rejoint le cœur de la forêt d'Orléans et toujours pas un seul croquis… Des chouettes hululent au loin, je m'approche. Les lèvres pincées, j'imite le cri aigu d'un rongeur : l'une des hulottes vient se poser au faîte d'un pin. La lumière est juste suffisante pour permettre un premier dessin que j'enchaîne immédiatement avec celui d'un engoulevent posé sur une branche morte. C'est parti!

Je concentre mon attention sur les espèces typiquement forestières, celles que je ne reverrai pas sitôt après avoir quitté ce milieu. Il est neuf heures. Les visions coup sur coup d'alouettes lulus et d'une locustelle tachetée, toutes deux inespérées, ne me font pas oublier l'absence du pic mar et du pouillot siffleur. Pour la bécasse, c'est trop tard…

Il est impossible de consacrer plus de quelques minutes à la recherche d'une espèce entendue ; le temps presse et je dois souvent abandonner. Je m'accorde encore une heure avant de sortir de la forêt.

Dix heures et demie, j'aborde une zone pavillonnaire et ses jardins. N'osant pas trop m'attarder au risque d'être contraint d'expliquer ma curiosité, je rejoins vite la Loire où je vais prendre quelques minutes pour me restaurer.

Objectif 100

Le Compteur est à quatre-vingts six espèces lorsque je retourne à la maison à 15h30. Je suis dans les temps. La Loire et les carrières adjacentes ont répondu à mes espérances. La rencontre d'un pilet aujourd'hui a été une totale surprise. Que peut-il bien faire ici à la mi-mai? Sans doute a-t-il eu vent de ma tentative et s'est offert gentiment pour m'aider…

En revanche je suis déçu côté limicoles, il y en avait tant la semaine dernière.

Mon futur terrain de recherche se trouve à quinze kilomètres. Après avoir refait le plein de boissons et de nourritures, je file vers la Sologne. En cours de route, je « croque » un lapin, tout en cherchant mentalement les espèces à venir possibles.

Il est 19 heures passées et au rythme où vont les choses, je n'y arriverai pas. Pour la seconde fois j'ai guetté le moineau friquet dans le village, en vain. Les jambes sont lourdes. Il me manque encore huit espèces et je n'ai même pas le bruant jaune! Se motiver, y croire, retrouver un accord plus sensible avec l'environnement devient impératif.

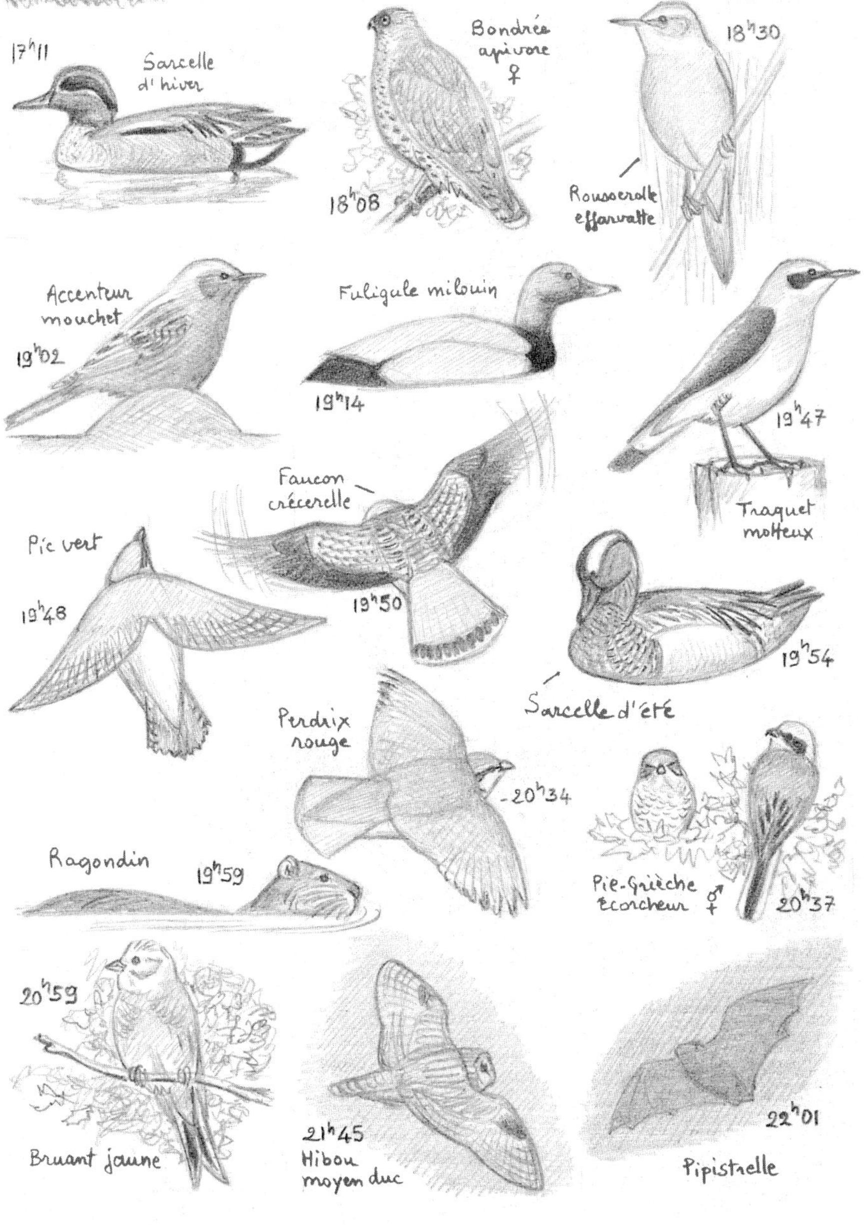

Cinq d'un coup là où, une heure plus tôt, je n'avais rien vu. Il était temps que le pic vert et la crécerelle croisent ma route. Quant au traquet motteux, c'est une belle surprise. J'entame le retour par un chemin différent, le moral est bon. Encore trois et c'est gagné.

Et deux de plus qui font quatre-vingt-dix-neuf. Il me faudra revoir ce couple de pies-grièches écorcheurs, plus tard…

Tiens! Le cri que j'espérais. Il est là, le centième! Le bruant jaune, si banal d'ordinaire, prend ce soir les allures d'un oiseau fabuleux. Encore douze kilomètres. Le ciel rosé vire au gris. Les lampadaires brillent au loin, j'approche de Sully. Sur ma gauche j'entends les cris pleurnichards de jeunes hiboux. Fourbu, j'hésite. Encore un kilomètre de détour et je fais face au bois de pins. Les jeunes sont là, invisibles, mais j'ai la chance d'observer un adulte : cent un, record égalé. Arrivé à la maison, il me suffit de lever la tête pour battre mon record : « mes » pipistrelles sont de sortie.

Comment expliquer l'improbable utilité de ce genre de raid? Dire la quête gratuite, l'harmonie des sens, l'attention déçue, la tension récompensée, le froid du matin, la chaleur de l'après-midi, la fatigue, la soif… Goûtez à l'expérience et vous comprendrez ce que représente ce jour de vie intense où les minutes valent plus que des heures…

Gallinule poule d'eau
11h32
Fauvette grisette
11h37
Vanneau
11h41
Corbeau freux
11h42
Choucas des tours
11h44
Bruant des roseaux
11h49
11h50
Guifette moustac
C. pilet
11h52
Guifette noire
11h53
11h58
Chevalier guignette
11h59
Petit Gravelot
Bergeronnette printanière
12h00
12h02
Sterne pierregarin
12h04
Mouette rieuse
12h06
Goéland leucophée
Sterne noire
12h17
12h33
Tarier des prés
Bruant proyer
12h34
Héron cendré
12h59
Faisan
13h04
13h20
Grand Cormoran
Perdrix grise
13h51
Cygne tuberculé
13h58
14h00
Grèbe huppé
Grèbe castagneux
14h01
14h03
Fuligule morillon
14h04
Hirondelle de rivage
14h10
Foulque macroule
Mouette mélanocéphale
14h12
Aigrette garzette
14h25
14h39
Grive draine
14h40
Loriot
(♂♀♀)
Troglodyte
14h47
Martinet noir
15h11
15h16
Verdier

Un monstre bicéphale

D'étang en étang les mêmes scènes de nichées, de poussins, de canetons se répètent. Le printemps a été prolifique. La tension des noces est tombée. La plupart des mâles de canards se regroupent, insouciants du travail qui revient à leurs canes. Onze peluches pédalent derrière une femelle de chipeau. Les grèbes à cou noir transportent leurs poussins sur le dos. Les guifettes moustacs couvent encore tandis que de nombreuses jeunes mouettes rieuses volent déjà…
Les images défilent, foisonnantes. Je partage le temps de cette longue matinée entre le décompte des nichées et le dessin. Le coucou insiste pour être mon premier modèle. Un petit héron trapu, le bihoreau, perché sur un ponton, guette les grenouilles entre les feuilles de nénuphars. Âgé seulement d'une année, il n'a pas encore le souci de fonder une famille. Deux grèbes huppés se menacent de façon protocolaire à la frontière de leurs territoires respectifs. Les foulques macroules sont nombreuses sur tous les étangs d'une certaine importance. La juxtaposition de deux oiseaux dessine, l'espace d'un instant, l'image d'un monstre à deux têtes.

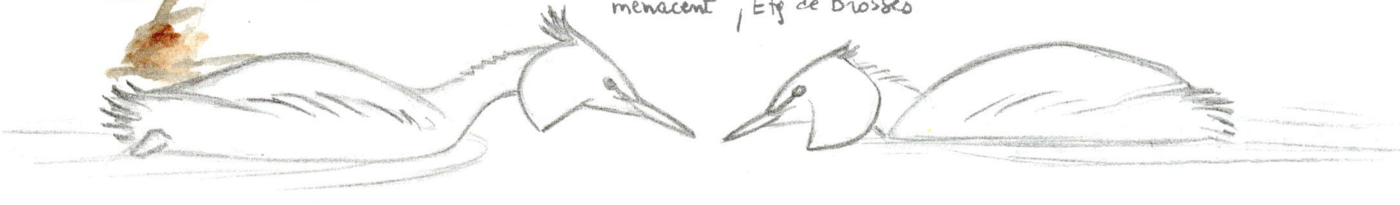

Flamboyant tropical

14 juin 95, Val de Loire

Hier, plaisir et surprise étaient au rendez-vous d'un loriot s'exposant à tous les regards. Cet oiseau commun mais discret préfère ordinairement dissimuler ses couleurs voyantes dans les frondaisons de la canopée.

Ce midi, des éclairs or et jais me rassurent bien avant d'arriver sur les lieux : il est là. En réalité, ils sont là. Au moins un mâle et une vieille femelle fréquentent le secteur. Je vais pouvoir approfondir l'étude entamée la veille. Assis à distance dans les hautes herbes, le soleil dans le dos, je profite de cette nouvelle chance. Surpris d'avoir vu le premier loriot chasser en surplace, j'ai lu hier soir l'incomparable prose de Paul Géroudet. Il cite cette posture comme étant « occasionnelle et rare ». Ici, les deux ou trois oiseaux appliquent presque systématiquement cette méthode de chasse, sauf pour reprendre leur souffle au sommet des buissons. Les chenilles sont au menu de la journée. La capture faite, les loriots filent de l'autre côté du fleuve où les gosiers avides des rejetons mal emplumés attendent leur pitance.

L'un des derniers à rejoindre l'Europe, le loriot est le premier à repartir en Afrique. Seul représentant européen d'une famille d'oiseaux tropicaux, ce messager de l'été semble trouver ici une manière de savane africaine.

Patrimoine

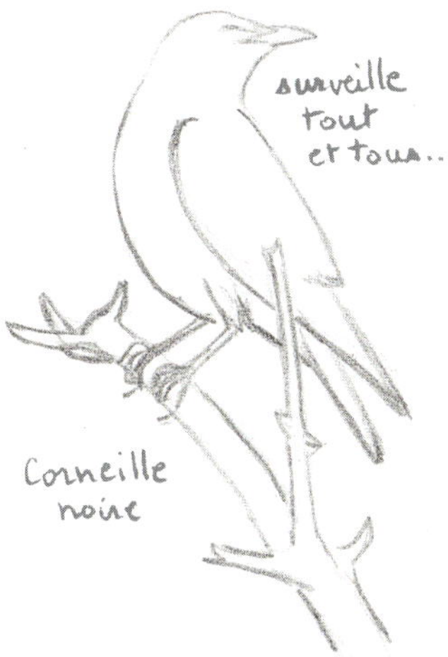

Deux siècles plus tôt, c'est un scaphandre qu'il aurait fallu endosser pour marcher ici! Lentement la courbe du fleuve s'est comblée. La Loire pressée de se fondre dans l'océan a décidé de supprimer l'un de ses méandres. Ce comblement explique la nature sablonneuse du sol. La particularité, l'histoire et la relative richesse faunistique et floristique du lieu ont décidé de son classement en réserve du patrimoine.

Le sol appartient entièrement aux lapins. Les gueules de leurs terriers s'ouvrent partout. La myxomatose a peine à stabiliser leur nombre. Malgré tout, le couvert végétal a pu s'établir au fil des ans. Des rapaces visitent et habitent le lieu mais ce sont les corneilles noires qui règnent en maîtresses à l'étage supérieur. Les buissons et les arbustes accueillent de nombreux passereaux et c'est au cœur des plus denses que la tourterelle des bois cache son nid fragile. Les nombreux arbres morts, laissés sur place, sont une aubaine pour tous les pics. Deux pics noirs errent dans un bosquet de peupliers. J'assiste, amusé, à l'éducation d'une fille par sa mère. Probablement sortie il y a peu de la loge sombre où elle a grandi, l'adolescente ouvre tout grands ses yeux clairs sur les merveilles d'un monde qu'elle découvre...

Petites histoires naturelles

L'extraction du granulat a fait naître une carrière, un trou que la vie a comblé en quelques années. Ce matin, je ne pars pas à la chasse de mes modèles, j'attends, assis sur un monticule de terre, que les modèles s'offrent à moi.

Précautionneux de sa personne, un lapin passe un long moment à sa toilette sans soupçonner la présence, plus loin, de deux jeunes renards qui ne soupçonnent pas la présence du garenne… Le geai passe sans crier (merci!) et rejoint le bois d'en face. Un petit submersible sort sa tête périscopique : le castagneux émerge de sa plongée. Tout au fond du plan d'eau artificiel, les foulques poursuivent leurs activités de groupe sous le regard ensommeillé du grèbe huppé couvant pour la seconde fois. Ses jeunes de la première nichée ont pris leur indépendance et paressent sous le soleil ascendant. Un chevalier culblanc volette d'îlot en îlot qu'il parcourt d'un pas pressé. Sur le bord de la carrière, un verdier semble trouver un certain intérêt gustatif aux fleurs de la vipérine.

Tous ces instantanés sont simples comme la vie et je goûte à petites gorgées ces fragments d'histoires naturelles.

1er juillet 94, Val de Loire

L'éclaircie

Depuis la frontière, donc depuis trois jours, toute la pluie du ciel s'abat sur la Pologne. Afin de remonter le moral des troupes, je répète : « Il suffirait de pas grand-chose pour qu'il fasse beau. » Plus personne ne me croit et je commence sérieusement à en douter… L'eau s'ajoute à l'eau et la limite du marais de Biebrza devient floue. Moineaux et roselins moissonnent l'avoine à leur façon sous une pluie battante. L'observation de la scène derrière la vitre dégoulinante du camping-car n'est pas idéale. Lors d'une accalmie nous sortons imperméables et bottes pour marcher dans les flaques autour des maisons de bois du village. Profitant de la fin de l'ondée, un phragmite des joncs nous imite, il s'étire et prend son envol.

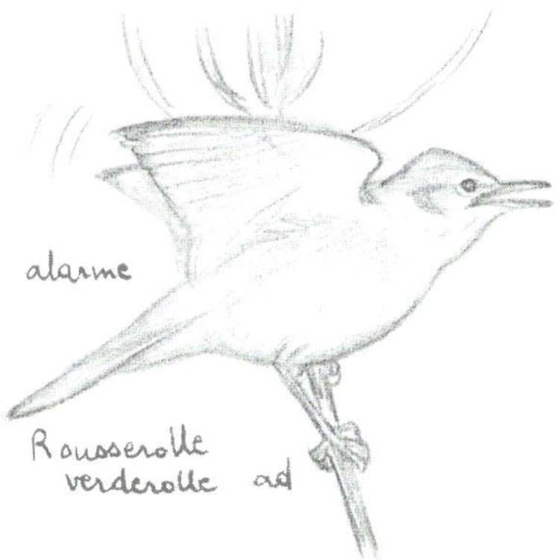

Le soleil fait une entrée timide lorsque les rousserolles verderolles reprennent leur pot pourri d'imitations. Une bécassine s'envole dans nos pieds, une cigogne noire passe au-dessus des prés. La balade devient agréable. La cigogne, blanche cette fois-ci, peut enfin quitter ses jeunes au nid où, depuis des heures, elle faisait office de parapluie. Un couple de pies-grièches écorcheurs suit avec inquiétude le parcours d'un chat.
La pluie reprend de plus belle en soirée. Nous nous félicitons d'avoir, comme les oiseaux, profité au maximum de l'éclaircie.

Association et prévoyance

Le pinson du Nord est pour nous, sudistes, un oiseau d'hiver qui hante sporadiquement nos champs et nos bois en troupes compactes. Ici, il est omniprésent et solitaire. Son chant mélancolique est l'un des symboles des forêts du Nord. Le mésangeai, sédentaire, est encore plus emblématique de la Scandinavie. En petits groupes, ils arrivent on ne sait d'où, font ce qu'ils ont à faire sans se préoccuper de vous, puis repartent comme ils étaient venus. Comment ne pas être immédiatement séduit par ces peluches au vol ouaté et aux cris enfantins. Près de la piste, nous assistons à la cueillette des champignons. Les mésangeais coupent des morceaux de cèpe qu'ils s'empressent d'aller cacher dans des fissures d'arbres. Des caches qu'ils sauront retrouver durant la longue pénombre hivernale.
Quelques centaines de mètres plus loin, un faucon émerillon nous interpelle à grands cris. Je repère son nid, nous nous écartons un peu. Des grives litornes, cette fois, protestent contre notre présence! Je mets un moment avant de comprendre ce que nous avons sous les yeux. Une chose impossible chez nous. Malgré sa petite taille, l'émerillon est fort capable de mettre la litorne à son menu. Ici, les deux espèces ont conclu le temps de la nidification un pacte de non agression, un pacte de défense! Les grands corbeaux du secteur ne pourront approcher sans tromper l'œil du rapace, sans provoquer l'attaque collective de la colonie des grives.

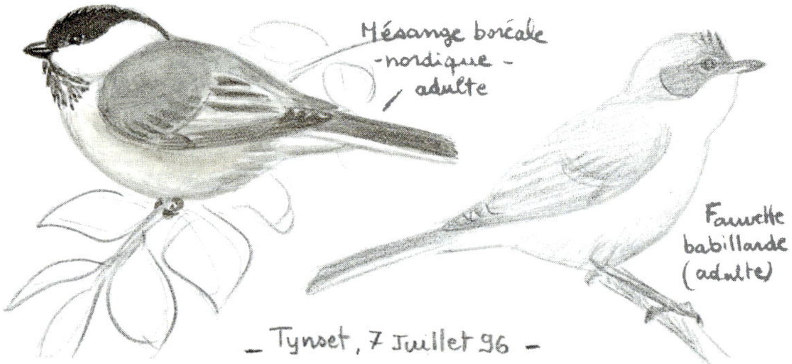

7 juillet 96, Oppland, Norvège

Sous les sifflets

Après avoir dépassé les dernières rangées de mélèzes, la route étroite serpente entre les barres rocheuses avant d'aborder la rondeur des pelouses alpines. La montagne commence ici. Mon arrivée ne passe pas inaperçue et j'ai à peine le temps de mettre un pied hors de la voiture qu'immédiatement les sifflets fusent. L'équivoque n'est pas permise, ma renommée n'a pas atteint les cimes! Les marmottes me font vite comprendre que j'entre en terrain, déjà, conquis…
Un passereau sombre s'envole mollement, silencieux. Posé sur un rocher, l'accenteur alpin marque quelques signes d'inquiétude. Ses jeunes sortis du nid, volants, sont disséminés alentour. Un peu plus loin, le couple de traquets motteux est astreint aux mêmes allées et venues, insectes au bec. Leur nichée est probablement dissimulée, là-bas, vers les éboulis de roches. Dans ce secteur plus minéral que végétal, une troupe d'ailes noir et blanc s'envole. Les niverolles, alpines comme il sied à l'endroit, sont de grands moineaux de montagne aux formes élancées, au bec noir pour les adultes et jaune chez les jeunes. Tous les oiseaux de montagne achèvent leur reproduction, génétiquement conscients de la durée d'un été plus éphémère ici qu'ailleurs.
Avec le même succès d'estime qu'à mon arrivée, je redescends le sentier pédestre dans un concert de sifflets…

L'honneur est sauf

Adepte invétéré de la découverte en solitaire, voire strictement familiale, je ne peux réprimer un sentiment de gêne au départ de la visite. Pour la première fois j'ai payé pour voir des oiseaux! Par chance, le guide local n'était pas à la hauteur. Même avec toute sa bonne volonté, il n'a pas pu me convaincre que, par exemple, le pic épeiche entrevu était un pic à dos blanc… En deux heures nous n'avons rien vu. Ouf, l'honneur est sauf!
Il est moins de huit heures du matin lorsque le guide nous quitte et, déjà, deux magnifiques pomarins apparaissent dans la plaine. Guère plus grand qu'une buse, ce petit aigle a tout d'un grand : le même port de tête royal, la même prestance, le même vol impétueux. La journée de balades aux portes de la Biélorussie est doublement ensoleillée par les visions de rapaces qui, jusqu'au soir, animeront le ciel de leurs acrobaties.
À l'aube j'avais vu un mâle adulte de gobemouche à collier, cet après-midi je rencontre des jeunes au plumage moins caractéristique. Mon premier gobemouche nain est un jeune également. Tout juste sorti du nid, il présente sur la poitrine un aspect un peu « écaillé » que je ne connaissais pas.
Ainsi, aujourd'hui et les jours suivants, je découvrirai toutes les espèces d'oiseaux forestiers escomptées. Des découvertes qui valent le prix de l'espérance, de l'imprévu, de l'intuition, de l'émotion enfin, mais pas le prix d'une simple visite guidée…

10 juillet 97, Podlachie, Pologne

Servi sur un plateau

Des plaques neigeuses subsistent encore sur les niveaux les plus élevés de ce plateau. Un troupeau de cent soixante-dix rennes y a trouvé refuge contre les nuées de moustiques. Beaucoup demeurent couchés sur la neige. Les cris plaintifs des pluviers dorés jalonnent notre parcours. Ils nous indiquent le passage d'un territoire à l'autre des couples nicheurs. La rencontre d'alouettes haussecol confirme le parallèle évident de ce lieu avec la Laponie. Le plaisir de redessiner cet oiseau cornu est le même. Fatiguées d'une marche difficile dans un sol tourbeux, ma femme et ma fille se reposent, adossées à un bloc rocheux.

Parti de mon côté, je croise enfin l'oiseau pour lequel je suis ici. Le pluvier guignard m'est apparu à quelques mètres, boitillant. Il se traîne lamentablement au sol. Je connais l'astuce, ses poussins ne doivent pas être loin. Couché sur le « sommet » d'une forêt de bouleaux nains (à quelques cinq à six centimètres de hauteur) je dessine. Me sachant assez loin de ceux qu'il protège, il se calme. Curieuse destinée que celle de ce père, seul responsable de sa progéniture. Mon travail-plaisir terminé, je me lève. Inquiet, le guignard reprend son manège d'oiseau blessé. J'oriente mon parcours, tantôt à droite, tantôt à gauche, je stoppe puis repars… Ça marche. À son insu mais de son plein gré, le pluvier avance là où je veux le mener. Il chemine ainsi sur deux cents mètres jusqu'à dix pas de Martine et Judith qui ont compris la manœuvre. L'oiseau s'envole, satisfait d'avoir été le plus malin!

Le nord du paradis

Après huit jours d'une cohabitation très difficile avec les moustiques, tout le monde est soulagé d'être arrivé au terme du voyage. Nous regardons l'océan Arctique salvateur; plus loin, c'est le pôle. Notre latitude est équivalente à celle de l'extrême nord de l'Alaska mais, le Gulf Stream rend la température agréable. La grande densité d'oiseaux, que l'on observe dans ce paradis nordique, contraste singulièrement avec les visions intéressantes mais éparses de la longue remontée de la Scandinavie.

La découverte des lieux, l'absence de moustiques, les séchoirs à morues : tout nous enchante. Cela aurait pu être suffisant mais cette journée s'annonce très vite comme l'une des plus ornithologiquement riches de ma vie. Les dix jours d'arrêt prévus ne seront pas de trop. Une macreuse brune annonce l'entrée en scène d'une première espèce mythique : l'eider de Steller. J'en dénombrerai jusqu'à deux cent cinquante-cinq les jours suivants. La plupart sont en mue, atones, mais dès ce soir je dessinerai un beau mâle orange et blanc. Devant les cinq gueules de terriers de renards, sont éparpillées des dizaines de restes de jeunes mouettes tombées de la falaise où la colonie de tridactyles compte plus de vingt mille couples! Le faucon gerfaut rôde autour de cette manne. Depuis cinq jours déjà, le soleil ne se couche plus. Une journée est une notion vague et je dois m'astreindre à dormir un peu. Je n'y consentirai que lorsque l'oiseau le plus rare, le plongeon à bec blanc, fermera lui aussi ses paupières.

Le pic épique

La clameur de deux cygnes chanteurs m'invite à prospecter autour de l'étang. L'attitude de ce couple laisse présager une installation prochaine de cette espèce en Pologne.

Les passereaux sont actifs mais leurs chants sont bientôt couverts par un étrange vacarme. Avec méthode, un pic noir dépouille de son écorce un pin mort. Trois croquis plus tard, je le boude attiré par le chant decrescendo d'un pic cendré. Je lui réponds et me réjouis de voir venir, non pas un, mais deux de ces pics. Ils découvrent vite la supercherie mais m'accordent un temps de pose suffisant pour les croquer. L'un à droite, l'autre à gauche, lequel suivre? La question ne se pose plus car plus loin retentit un tambourinage caractéristique. Je cherche en toute hâte une branchette et me précipite vers le tronc le plus proche. J'imite le débit en accéléré entendu et scrute le haut des arbres. Je la vois. Trente secondes d'observation réciproque puis je reste seul avec son image dans mon carnet. Cette femelle de pic à dos blanc comble la case manquante de ma collection de pics européens.

Emporté dans un tourbillon de pic en pic, en pic épique, je me suis un peu perdu. Au loin, l'écho du fracas du « géant noir » indique la direction à suivre. C'est plus de dix mètres de tronc qui se trouvent désormais à nu, un vrai travail d'artiste. La tête encore pleine de ma dernière découverte, je suis incapable de dessiner la scène…

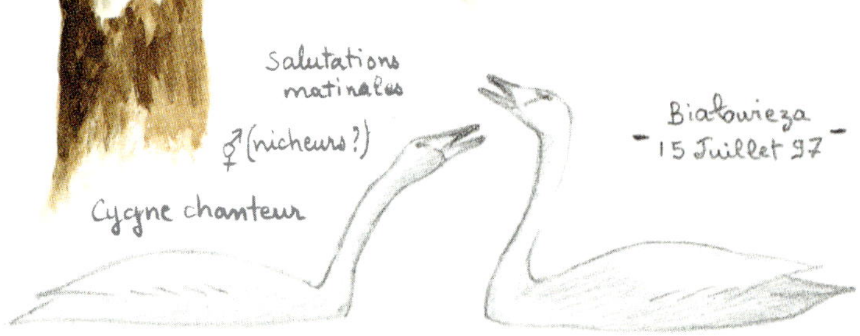

Un fantôme dans la toundra

Un rayon de soleil traverse le camping-car, il est difficile de fermer les yeux, difficile d'ignorer l'extérieur et ses merveilles… À cinq heures, je marche dans la lande tourbeuse parsemée de minuscules miroirs aux eaux très pures. Chaque pas doit être calculé et le risque de s'enfoncer au-delà de la hauteur des bottes est bien réel. Les linaigrettes balancent leurs têtes cotonneuses dans la brise légère.

Mon arrivée près du mini-lac a provoqué l'éveil du couple de plongeons, visiblement surpris. Protégés par la nature du terrain, ils restent. L'un des catmarins « miaule » de réprobation tandis que l'autre me toise d'un regard hautain…

Le sol accidenté et sec du plateau autorise une longue promenade. Je serais prêt à soudoyer le plus vil des trolls pour un pluvier guignard ou un harfang. Mais il ne faut pas rêver… Côté pluvier nous ne voyons que des dorés. Le soleil est magnifique, chaud à souhait.

Il est arrivé à droite, éclatant de blancheur, d'un vol ample et majestueux. Incroyable, un harfang des neiges! Par chance, l'énorme chouette se pose sur les rochers du vallon d'en face. Tout le monde assis! Je n'arrive pas à installer la longue-vue. Je ne sais plus dessiner. C'est un mâle, sa presque totale blancheur l'atteste. Le trait de crayon se fait plus sûr avec le rythme cardiaque qui décroît. Sa tête pivote, promenant sur les environs ses petits yeux dorés qui vérifient parfois notre immobilité. Personne de toute façon n'a envie de partir. Je n'ai pas fait dix croquis que brusquement, sans signe précurseur, une nappe de brume d'une densité intense s'abat dans le vallon. L'image s'estompe, s'efface, puis, plus rien. Nous ne le reverrons plus. Le troll nous a-t-il joué un vilain tour? Avons-nous vu le harfang ou n'était-ce qu'un fantôme dans la toundra?

16 juillet 91, Finnmark, Norvège

La pantomime des perroquets de mer

À l'ouest de l'île, des milliers d'oiseaux marins nichent en colonies. Les vents violents de l'Atlantique arrachent aux rochers des gerbes d'écume gigantesques. De l'autre côté tout n'est que calme et soleil. Assis en bas des falaises enherbées, nous regardons le ballet des fulmars. Un ballet qui perd beaucoup de sa grâce lorsque cette fausse mouette, spécialiste du vol en haute mer, se trouve au sol. Dans les pelouses proches, les linottes à bec jaune volettent de fleurs en herbes, à la recherche de graines. Traquets et pipits chassent les insectes entre galets et goémons. Les voyages des mouettes, cormorans, fous, guillemots et macareux, contournant l'île au ras des flots, sont incessants. Le gosier ou le bec chargé de poissons, les nicheurs sont parfois interceptés par des brigands de grands embruns : les labbes forcent leurs victimes jusqu'à ce qu'elles rendent gorge de leur précieuse marchandise. Plus près de la côte, les faucons pèlerins et les goélands marins ne se contentent pas seulement du contenu, la boîte les intéresse également ! En fin d'après-midi, le vent calmé, nous escaladons les hauteurs de l'île afin de surplomber les colonies. Devant la diversité des spectacles proposés, nous n'hésitons pas longtemps. Les macareux réunissent tous les suffrages. Installés au balcon, nous apprécions jusqu'au soir les pitreries des perroquets de mer affublés de masques grotesques et outrageusement colorés.

Hors du charnier natal

Les saules du haut plateau s'accrochent dans les dépressions d'une terre pauvre. La gorgebleue apprécie ce milieu humide, riche en insectes. Les mâles sont des bijoux volants. Je m'attache à l'étude des jeunes et m'étonne de la variabilité de leur plumage presque aussi prononcée que chez les femelles.

Plus tard nous empruntons la piste d'un secteur que le monde moderne n'a pas même frôlé. Le miroitement d'une cascade nous incite à la balade. À son approche, des cris de faucon nous interpellent. Ce sont ceux d'un jeune gerfaut déjà émancipé. D'autres cris attirent notre attention sur un second rapace couché sur une proie. Il vient de prendre le relais de son frère à la table des seigneurs de la toundra. Il se repaît si goulûment qu'il ne reste bientôt qu'un tapis de plumes blanches. Je profite avec la même gloutonnerie de ce moment rare pour capter le plus d'attitudes possibles.

Nous trouvons sans peine des pelotes, restes de reliefs passés. Le lagopède semble bien être leur menu favori. Un cri plus grave nous tire de nos recherches. Un troisième faucon clame sa présence : un adulte, magnifique, puissant, mais également méfiant. Il s'envole vite sur le versant opposé. Là-haut, il domine les humains perturbateurs et ses jeunes si vulnérables hors du charnier natal. Ce soir il ne sera pas nécessaire de chercher où dormir, l'endroit est tout trouvé…

20 juillet 96, Oppland, Norvège

Frisson dans la toundra

Au retour d'une visite des colonies d'oiseaux de mer, qui comptent près de cent mille couples, nous faisons halte près d'un ruisseau. Ici croissent les seuls arbres de plus de un mètre, les saules nains. Les passereaux profitent de ces perchoirs. Une espèce retient mon attention, le sizerin blanchâtre, qui pose des problèmes d'identification. En trouver un, parfaitement incontestable parmi les sizerins flammés majoritaires, est une gageure. Les bécasseaux de Temminck paradent. Ce sont des limicoles miniatures, à peine plus gros que le pipit à gorge rousse qui accompagne l'un d'entre eux un instant. Le bruant lapon chante sa chanson triste mais il est à l'aise dans la toundra. Aujourd'hui, il recherche la compagnie d'un bécasseau variable sur sa motte de tourbe.

Profitant des vagues dépressions, je me rapproche de deux rennes couchés au loin. Les grands mâles solitaires n'ont pas flairé ma présence. Le poids de leurs bois de velours semble trop lourd à porter durant ces journées interminables. Sur le chemin sans borne du retour, je rameute ma horde autour du squelette intact d'un renne. Nous aimerions croire, juste pour le frisson, que c'est un loup qui en est la cause…

La majesté des briseurs d'os

Cailloux, pierres et rochers emmagasinent la chaleur. Le cirque fait office de four solaire. Il n'est guère pour s'agiter que les majestueux gypaètes et la troupe bariolée des cyclotouristes ahanant à chaque coup de pédales sur les pentes du Tourmalet.

Assis près d'un maigre ruisselet, nous sirotons notre goûter. Tout respire le calme et je m'amuse des saynètes offertes par les montagnards. Ici le chocard à bec jaune s'applique à sa toilette, là un couple de craves à bec rouge se parle d'amour par gestes interposés, pudiques mais révélateurs. Encore engourdi par une trop longue sieste, un renard descend des éboulis en bâillant. Inquiet pour la forme, le rougequeue noir rejoint le monticole de roche sur son piton. Les oiseaux s'accordent souvent avec leur environnement. Les deux passereaux arborent, l'un sur sa queue, l'autre sur son ventre, les tons ocre rouge de leur perchoir.

La silhouette élégante et racée des gypaètes barbus est inhabituelle chez un rapace de cette dimension. Cet après-midi, trois adultes s'amusent des courants ascendants et des bourrasques renvoyées par les flancs du cirque. Ivres de vent, ils font admirer leur dextérité voilière aux vautours repus qui paressent sur les rochers. Habillés d'un manteau trop grand et mal coupé, ces crânes chauves manquent singulièrement de classe face aux quebrantahuesos (briseurs d'os), comme sont baptisés les gypaètes de l'autre côté de la frontière.

25 juillet 92, Pyrénées

Le peuple des roseaux

Le grand lac de Neusiedl, entre Autriche et Hongrie, est considéré un peu comme une mer intérieure par ces deux pays dépourvus de côte maritime. Malheureusement, la privatisation des rives interdit son abord et les plages accessibles sont clôturées et payantes. Des raisons suffisantes pour annihiler toute envie de découvertes, une envie indissociable de la notion de liberté.

Hier, la vision de grandes outardes dans la steppe relictuelle proche, la puszta hongroise, m'a réconcilié avec la région. Ce matin, un air de discorde règne chez les loriots tandis que les pies-grièches nourrissent leurs jeunes. De l'autre côté de la carrière, je repère l'oiseau flamboyant et sa compagne. Le couple se dispute de part et d'autre du nid…

La richesse annoncée de la Neusiedler-see force mes réticences et nous trouvons une brèche dans le dispositif privatif. Les oiseaux annoncent leur présence à grands renforts de cris et de chants. Toutes ces vocalises connues attestent de la richesse cachée au sein de la roselière impénétrable. Contraints et forcés, nous restons aux marges de cette muraille verte. Les rémiz sont les premières à s'exposer puis, une à une, les différentes fauvettes aquatiques s'offrent comme modèles. Chaque espèce semble avoir délégué l'un de ses membres en tant qu'ambassadeur du grand peuple des roseaux.

28 juillet 93, Burgenland, Autriche

Un fleuve au masculin

Dans le bois clair, un jeune pic syriaque vole de tronc en tronc. Son plumage est terne comparé à celui des adultes vus les jours précédents.
Le Danube est-il plus beau que notre Loire? Le verdict va tomber. Nous y sommes. Incontestablement plus grand, plus puissant, il lui manque un petit quelque chose, une manière de douceur, de féminité. Ce n'est pas un hasard si les deux fleuves ne sont pas du même genre… L'objectivité m'oblige à reconnaître que la richesse avifaunistique du Danube vaut bien celle de ma Loire. Je ne boude pas mon plaisir à l'observation des « presque mésanges » : les rémiz et les panures, qui vivent sur son rivage. Les rémiz ont construit leur nid en forme de bourse dans les oliviers de Bohème. Des milliers de voyages le bec chargé de duvets floraux, de fibres animales ou végétales et de toiles d'araignées ont été nécessaires à la confection de ce petit chef-d'œuvre. Aujourd'hui le va-et-vient des adultes se poursuit mais pour des raisons différentes. Bien au chaud au creux du nid douillet, les poussins réclament leur ration de chenilles. Le Danube est quand même un beau fleuve…

Les chemins de bois

Cette étape sur le chemin de retour d'une Laponie de rêve ne devait être qu'une simple pause. Hier nous avons été séduits par cette réserve finlandaise. La nature spongieuse du sol interdirait toute promenade si des kilomètres de chemins de bois n'avaient été judicieusement posés. Debout à l'aube de l'aube, je savoure avec délice cette marche parfaitement silencieuse. Un lagopède des saules a trouvé plus commode d'emprunter la même voie plutôt que de se faufiler avec difficulté sur le sol. Inquiet à ma vue, il s'envole avec fracas, toutes ailes blanches battantes.

Nous passons la journée en balades en mangeant des myrtilles… Quelques belles observations agrémentent le circuit. La palme du plus bel oiseau revient au jaseur boréal. Le soir, nous dînons au bord d'un lac en compagnie d'une autre famille, celle d'un couple de plongeons arctiques et son jeune. Comme hier, nous goûtons au charme du coucher de soleil que nous n'avions plus vu depuis presque un mois. Ces dernières images ont contribué à la promesse de revenir ici, un jour.

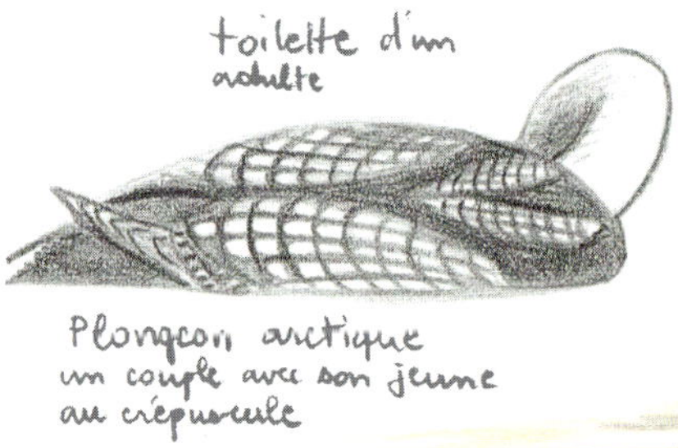

- Patvinsuo -
2 Aout 91

2 août 91, Carélie, Finlande

Histoire sans queue

Depuis deux semaines nous sillonnons la taïga à la queue leu leu sur les chemins de bois. Il est souvent hasardeux de vouloir revivre la magie d'un instant passé. La réserve de Patvinsuo, en Carélie, a conservé le charme découvert furtivement trois ans auparavant. Chacun de nous trouve matière à satisfaire son attente. Pour ma part, une part d'oiseaux bien sûr, je reprends mon travail là où il s'était arrêté trois étés plus tôt. Je complète ma collection d'images. Délaissant les plumages classiques, ceux des livres, ceux des beaux mâles, je m'attache aux livrées complexes des jeunes et des adultes en mue…

La semaine dernière, un groupe de quatre tétras lyres avait ensoleillé ma matinée solitaire. Leur plumage de mâle, déjà bruni, avait conservé son panache : une longue queue terminée d'un Y courbe. Aujourd'hui, ensemble, nous cheminons en sous-bois sans faire de bruit. Des roucoulades nous avertissent de la présence des tétras. La partie de cache-cache commence. Un à un, les oiseaux se découvrent, par bribes. Surprise, ils n'ont plus de queue! Un dernier croquis et les gallinacés s'envolent. Judith, ma fille, propose de chercher au sol les plumes de la lyre. La jeunesse ne doute de rien! J'avoue que l'idée ne m'a pas même effleuré tant les chances de découvrir une plume dans ce sous-bois me semblent infimes. La jeunesse a raison. Nous cueillons trois preuves courbes de la splendeur passée des tétras…

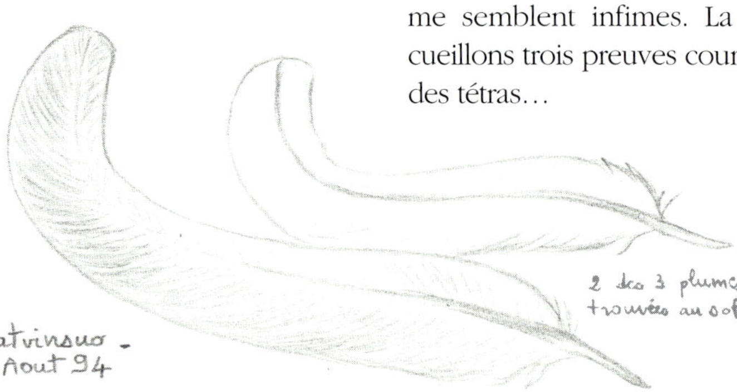

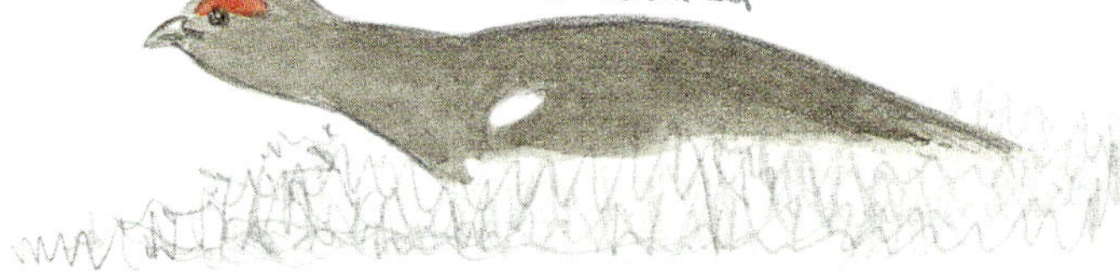

3 août 94, Carélie, Finlande

Les conquistadors

L'imposante statue de Vasco de Gama tourne son regard vers le monde à conquérir. Cette portion de côtes vierges, contraste agréablement avec celles du sud de l'Algarve, gagnées par le tourisme, perdues pour la nature. Les hautes falaises rocheuses offrent aux bisets, aux craves et aux pèlerins mille possibilités d'y élever leurs nichées. Les chevêches nichent également et nous découvrons, au bas d'une anfractuosité abritée, une véritable montagne de pelotes. En recul du rivage, les scorpions sont cachés sous les pierres d'une terre brûlée par un soleil que le guêpier apprécie. Les fauvettes disparaissent dans les buissons au passage du busard cendré. Un agave a dressé pour la première et la dernière fois les cinq mètres de son mât rectiligne. Cette floraison, symbole contradictoire de vie et de mort, offre aux étourneaux l'opportunité de se gaver à bon compte, tout en disséminant les graines. La chaleur accablante nous ramène vers les embruns. Assis face à l'Amérique, j'apprivoise les figures du vol rigide des puffins cendrés. Conquistadors dans l'âme, ils ont probablement déjà croisé au large des côtes américaines durant leurs expéditions pélagiques.

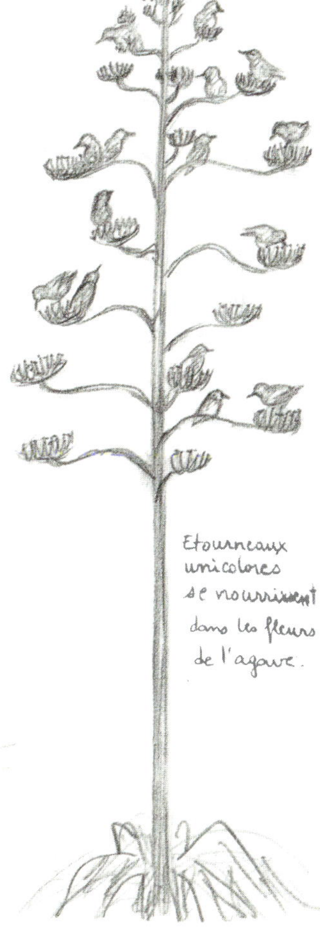

Voyage au bout de la déprime

Ce soir, devant le spectacle de la nature retrouvée, je me remémore ces jours derniers. Désabusés, nous quittons l'île de Rüggen autrefois si réputée. Après avoir brûlé les étapes, faute de trouver une zone un peu « sauvage », nous rejoignons le massif forestier bordant la frontière polonaise. Arrivé au bout du bout, dans le dernier village, je n'ose même plus me révolter. La déprime est totale… Après une mauvaise nuit, je cherche une raison de poursuivre ce voyage. À six heures, un habitant m'interpelle. Ancien forestier, il m'apprend que toute « sa » forêt a été rasée pour les Russes en guise de dédommagement de guerre. J'aimerais comprendre mieux le gâchis environnemental et humain trop facilement constaté depuis cinq jours. Par chance, son neveu, étudiant de Mannheim venu pour la première fois à l'Est, parle français. Les oiseaux ont quitté mon esprit durant cette longue journée brûlante d'une humanité chaleureuse. Le jour suivant, c'était hier, Herman nous indique un secteur soustrait au régime kolkhozien par la volonté régalienne d'un haut personnage.

Ce matin l'envie de goûter à la fraîcheur de l'aube est revenue. Tout est là comme par magie. Les pygargues et les aigles pomarins volent au-dessus du lac où nichent les grues et les oies cendrées; les arbres et les arbustes me parlent de fauvettes, de pouillots, de loriots, de coucous, d'hypolaïs, de rousserolles, de rémiz, de rossignols…

Le lagon d'XO

Cette portion de côte de l'Alentejo aura marqué à jamais notre attachement à ce beau pays. Après un mois de découvertes, il faut bien se résoudre à quitter cet éden fragile. Tout nous a été offert en surplus et, à l'heure du bilan, nous ne savons pas quel argument mettre en exergue pour expliquer notre enchantement. Pour ce qui est du domaine strictement ornithologique l'embarras est le même. Non contente d'avoir mis sous mes yeux les oiseaux espérés, la région m'a réservé quelques surprises. Aujourd'hui, nous rendons une dernière visite aux hôtes des étangs côtiers formant le lagon de Saint-André.

Parmi les foulques macroules, je retrouve sans peine XO, grâce à son collier. Quelle surprise de découvrir ici, deux foulques caronculées. Elles viennent probablement du Maroc, via l'Andalousie où elle ont été relâchées. Cigognes, ibis et gardebœufs arpentent les prés tandis que blongios, crabiers et hérons pêchent dans les roselières. Les astrilds, en bandes joyeuses, ont oublié depuis trente ans leur origine africaine. Nous n'avons pu faire nos adieux à tous; la pie-grièche se chargera de nos messages pour l'élanion, la pie bleue, le rollier, le guêpier... Tiens, une cigogne noire! Plus je l'observe, plus mon opinion se confirme. Il s'agit en réalité d'une cigogne blanche aberrante, mélanique. Une surprise de plus avant de partir...

Lagoa S^to André, 10 Aout 95

10 août 95, Alentejo, Portugal

L'éclipse d'Orphée

Lors de mon escapade solitaire et matinale, j'ai la chance d'observer une caille. Cet oiseau est commun, mais si entendre ses « pit-pi-huit » est facile, le voir à découvert ne l'est pas du tout. Elle ne fait qu'un petit tour dans les chaumes avant de disparaître sous les hautes herbes. Cochevis et bruants fous accompagnent les moineaux en quête de grains oubliés.

Le ciel bleu s'assombrit imperceptiblement. Nous avions oublié : c'est l'éclipse! Nous n'en voyons rien ici.
Assis sur un rocher, je guette encore la jeune fauvette orphée dessinée ce matin. C'est la belette qui avait provoqué l'agitation des passereaux dans la haie. Maintenant il fait trop chaud, plus rien ne bouge. Les astres ne sont pas avec moi, la belle orphée s'est belle et bien éclipsée…

11 août 99, Norte, Portugal

Audience royale

file à flanc de montagne

En tant qu'invité, je choisis le col de la Madeleine pour le pique-nique mais en découvrant le nombre des touristes je pense que seul le poulet froid figurera au menu ornithologique… Mes jumelles, vite! L'ombre à flanc de montagne, c'est bien ça, c'est un aigle royal. Ne pas le perdre, surtout ne pas le perdre de vue. Il se pose là-bas. Finies les agapes. Je manque aux règles les plus élémentaires de la bienséance et je dévale le pré en direction du rapace. En réalité, l'aigle est très loin. Le zoom de la longue-vue poussé à fond me donne une image instable, vacillante dans les brumes de chaleur. Le pylône à haute tension n'est pas le trône qu'impose ce roi de la montagne. Dommage. Les croquis ne sont pas très bons, les aquarelles sont imprécises mais je profite au mieux de cette rencontre jusqu'à l'instant où, relevant le nez de mon carnet, le bel oiseau a disparu. Le souffle court sur la pente raide, je rejoins la famille en songeant à ces quelques minutes de tête-à-tête, conscient d'avoir eu le rare privilège de bénéficier entre tous d'une audience royale…

Couleurs marines

La traversée Le Havre-Rosslare s'est révélée « puffinesque » à souhait. Des centaines de puffins des Anglais, fuligineux et majeurs, des dizaines de pétrels tempêtes, des fulmars, grands labbes et autres guillemots ont donné un ton résolument maritime à ce séjour.
L'Irlande vue par ses côtes Sud n'est sans doute pas la plus représentative du pays à l'emblème du trèfle. L'Irlande bleu marine, plutôt que l'Irlande verte. Indécrottable terrien, j'ai des envies d'océan, de côtes déchiquetées, de rochers et d'algues aux odeurs fortes. Le farniente sur les plages de sable fin ne sera pas encore au programme.
La gageure d'illustrer ce séjour avec seulement deux godets d'aquarelles, un noir et un ultramarine sur le papier blanc, était tentante Mais les oiseaux ont leurs coquetteries. L'huîtrier désire du rouge pour son bec, ses yeux et ses pattes. La macreuse veut une touche de jaune sur son bec bosselé. Les goélands tiennent à tout prix à ces deux couleurs pour maquiller leurs yeux et décorer leur bec. Les guillemots à miroir n'oseraient s'afficher sans montrer pattes rouges. Quant au gris de la corneille mantelée, sa qualité est une énigme. Il est tantôt neutre, tantôt rosé, tantôt bleuté, selon l'éclairage. Une autre tache grise, luisante et pommelée apparaît et disparaît non loin du rivage, un phoque gris joue les balises. En sentinelle attentive, il se dresse, moustaches au vent sur l'onde marine.

L'aire de repos

Pour les oiseaux migrateurs, la Loire est une autoroute et ses îles des aires de repos. Certains voyageurs ne stoppent que quelques heures, le temps de refroidir le moteur ; d'autres espèrent profiter totalement de la station service. Aujourd'hui le niveau du fleuve est idéal, les voyageurs bénéficient de l'ouverture du restaurant.

Venant de tous les horizons, les espèces animées du même désir de Sud se côtoient sur l'île nue. Depuis plus d'un mois, le nombre et la diversité des oiseaux changent chaque jour. Aujourd'hui je note : « Courlis cendré 1, chevalier arlequin 1 juv., gambette 5, aboyeur + de 15, sylvain 5, culblanc 1, guignette A.N. (assez nombreux), bécasseau variable 1, minute 1, grand et petit gravelots quelques-uns ». Voici pour les limicoles. Quant aux laridés, outre les espèces locales, j'observe une jeune mouette pygmée. Lorsqu'elle se nourrit sur l'eau, elle ressemble à un phalarope géant. Une bondrée apivore vient à deux reprises se rafraîchir les pattes ou peut-être, ce rapace hydrophobe, cherche-t-il à nettoyer ses serres collantes du miel de son dernier repas. La longue-vue passe d'un oiseau à l'autre, le crayon saisit ce qu'il peut... Deux sternes viennent de se poser. Des sternes hansels. Je n'avais jamais vu cette espèce maritime ici. Sont-elles venues directement de la Hollande ? Bec face au vent, cou rentré dans les épaules, les voyageurs n'aspirent qu'à une seule chose, se reposer avant de rejoindre la Méditerranée. Une fois de plus l'île de la Loire aura parfaitement rempli son office d'aire de repos.

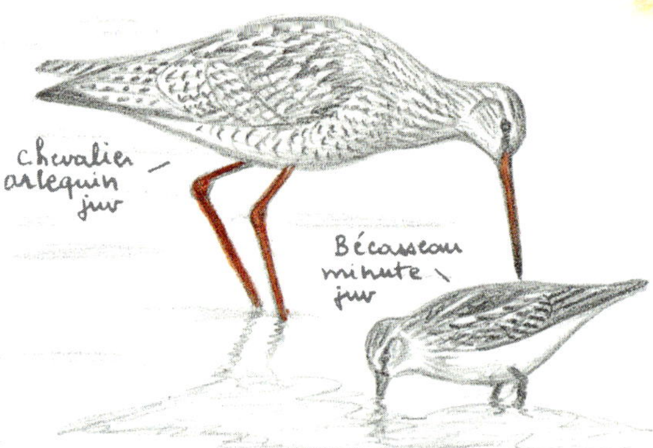

St Aignan le Jaillard
28 Aout 88

28 août 88, Val de Loire

Déjà septembre…

Dès que septembre s'affiche au calendrier, c'est la même chose. Le même sentiment de perte me gagne, je ne vais plus les voir pendant six mois. Ainsi, les hirondelles, ou plutôt, mes hirondelles, vues tous les jours, n'ont jamais fait l'objet d'un seul dessin ! Les trois jeunes de la seconde nichée deviennent subitement incontournables…

En forêt je m'intéresse aux espèces en instance de quitter l'Europe pour l'Afrique. Le faucon hobereau sera le dernier à partir mais le rougequeue à front blanc et le tarier des prés ne hanteront pas longtemps cette clairière. Leur appétit est grand car ils savent instinctivement que ce long voyage vers l'inconnu ne sera pas une croisière facile. Le besoin de remplacer les réserves adipeuses consommées par le trajet déjà couvert devient une nécessité vitale. La jeune bondrée surprise à l'ombre d'un chêne est, elle, née ici. Elle ne sait rien de l'Afrique, du passage difficile des Pyrénées, de celui, terrifiant, du détroit de Gibraltar. À cet instant, son seul souci semble être celui de ma présence. Elle quitte le chêne pour le pin. Je lui souhaite d'être prête à temps et de trouver la colonne expérimentée des anciennes qui savent les dangers et les secrets de ce grand voyage…

Forêt d'Orléans, 4 Sept 96

4 septembre 96, Orléanais

Je hais les goélands !

Les échos de la tempête sévissant depuis deux jours sur l'Atlantique nord se répercutent jusqu'ici, au centre des terres. La perspective d'une rencontre avec quelque oiseau égaré me conduit à descendre la Loire. Dans la voiture bousculée par les bourrasques, mes espoirs restent raisonnables. J'espère au mieux une sterne caugek ou une mouette tridactyle.

La vision d'un petit oiseau noir, au vol dandinant, me cloue d'émotion. Les trois quarts d'heure d'attitudes dessinées avec frénésie et bonheur m'épuisent, je vais partir. Me ravisant, je songe que cet océanite culblanc vaut bien quelques croquis de plus.

Le spectacle devient tout autre. Un goéland assassine l'objet de mon plaisir! Un crime gratuit, puisqu'il l'abandonne désarticulé, à la dérive. Ce pétrel a été le seul de son espèce à visiter notre département au XXe siècle. Vous comprenez que, cet après-midi, je hais les goélands!

14 septembre 93, Val de Loire

Transatlantique

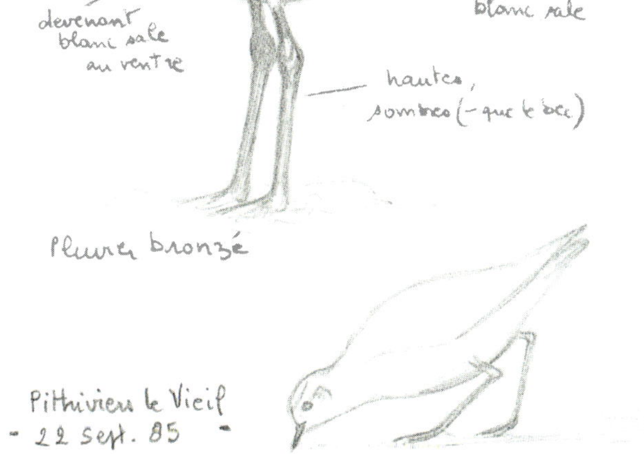

Les bassins de décantation de la sucrerie, selon leur niveau d'eau, selon la date, c'est tout bon ou tout mauvais. Ce matin, les migrateurs sont nombreux. Je commence le dénombrement des divers bécasseaux, des gravelots, chevaliers, bécassines et un jeune pluvier argenté. L'assemblée s'envole. Mes jumelles saisissent le pluvier au vol. Il n'a pas de tache noire sous les ailes! Les oiseaux se reposent. Je ne lui trouve rien d'un doré, alors… Est-ce possible? Un fauve?

À cette époque, les oiseaux rares étaient rares. Je connaissais livresquement le pluvier fauve (aujourd'hui nommé P. bronzé) et je savais sa rareté en France (en fait, vu deux fois). De plus, les guides n'avaient pas la qualité d'aujourd'hui et aucun n'aurait pu permettre de bien identifier cet oiseau américain.

Je me trouve face à cette énigme, n'osant croire qu'ici, au milieu de la Beauce du Gâtinais, une telle rareté puisse m'être offerte. Je m'obstine à chercher une aisselle grise, bien délimitée, comme je pensais l'avoir lu. Non, rien. Rien qu'une aile presque uniformément grise dessous. Les notes s'ajoutent aux croquis durant deux heures et demie. La peur d'oublier le critère important me conduit à inscrire de nombreux détails comme celui des longueurs relatives des tertiaires, rémiges et rectrices. C'était celui-ci le bon. Les ornithologues anglais, consultés à l'époque par le Comité d'homologation français, ont reconnu en lui « the » critère absolu…

Un modèle pour deux

C'est dans le cadre de l'ANF (Artists for Nature Foundation) que j'ai été appelé à participer, avec quinze autres artistes, à la sauvegarde de la Loire et plus particulièrement à celle de son estuaire. Les talents de ces artistes venus des cinq continents (Chine, Japon, Nouvelle-Zélande, États-Unis, Mali et Europe) sont très divers et l'expérience est formidablement enrichissante. Cette mission de quinze jours, les expositions artistiques et les publications qui en ont découlé, vont probablement contribuer à l'inscription par l'Unesco au patrimoine mondial d'une partie du Val de Loire.

Chaque matin, nous nous répartissons sur le terrain entre Saint-Nazaire et Nantes, dans le but d'illustrer la diversité, la complexité ou la fragilité de cet écosystème. Hier, j'ai fait équipe avec Greg sur les grèves de Paimbœuf. Aujourd'hui, frustré par les limites de mon mauvais anglais, la langue officielle du groupe, je pars avec mon copain parisien. Nous choisissons de prospecter une zone lacustre, à Massereau. Nous traquons des instants de vie, ensemble ou séparément.

En fin de journée, nous nous retrouvons assis dans l'herbe face à un râle d'eau. Pour bien connaître cette espèce souvent très discrète, je m'étonne de la complaisance de notre modèle. Flatté de tant de sollicitudes artistiques, le râle « en rajoute » en pitreries, en poses variées. Chacun capte ses images propres mais nous nous retrouvons souvent sur les mêmes. À l'humeur joyeuse du moment, s'ajoute le plaisir de pouvoir, en français, s'adonner aux plaisanteries les plus faciles. La gaieté ambiante n'entrave en rien le sérieux du travail. Notre modèle commun devient pastels sur les feuilles de Jean, aquarelles dans mon carnet.

Le gardien des sources

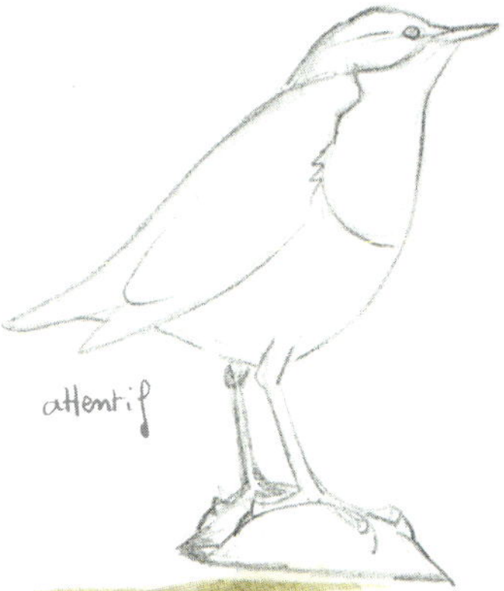

Je suis parti trop tôt, comme souvent, pressé, poussé par le désir. Le sentier qui mène aux sources du ruisseau ne peut offrir que des ombres, des cris sans crieur, des chants sans chanteur. Puis, l'eau est là, luisante, bruyante, vivante. La lumière s'annonce également, timide comme le cincle que je découvre sur sa pierre. Le merle d'eau est un facétieux personnage aux multiples aptitudes. Il marche face au courant, plonge la tête puis disparaît plus ou moins complètement sous l'eau. Ses paupières nictitantes lui permettent de traquer les larves cachées sous les cailloux qu'il bouscule. Son petit cousin, le troglodyte, préfère rester au sec dans les entrelacs des buissons. L'automne s'écrit sur des feuilles dorées à l'or fin. Le plus petit oiseau d'Europe, le roitelet, m'accompagne un instant lorsque je remonte le ru sauvage. Sauvage, pas tout à fait, car les moines de l'abbaye de Fontenay ont laissé ici les traces de leurs travaux hydrauliques. Descendant d'une longue lignée d'oiseaux fidèles au lieu, le cincle perpétue la promesse faite aux moines cisterciens de rester à jamais le gardien des sources.

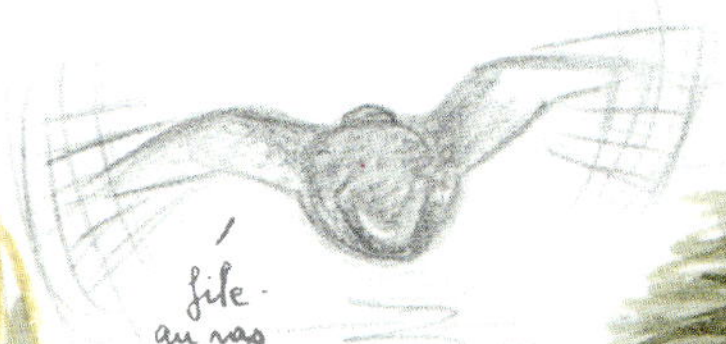

Cincle plongeur
Touillon,
12 oct. 99

12 octobre 99, Bourgogne

Hybride

Depuis deux jours, le vent du nord-est a fait chuter la température. Les bassins géométriques du marais salant de Guérande, d'ordinaire si prolixes en oiseaux, sont presque vides. Mes pas me conduisent vers le Grand Traict du Croisic. Les bernaches cravants, qui ont appris à ne plus craindre les « bâtons tonnerres » des hommes depuis leur protection, sont de dociles sujets d'étude. La marée montante dessine le paysage à grands coups de gomme. Les bancs de sable ocres et les plages de vase grise perdent leurs formes anarchiques et ventrues pour se transformer en bandes rectilignes. Les avocettes ne pourront pas rester longtemps immobiles, fichées sur leur patte, leur incomparable bec caché dans le dos : l'eau monte. Les tadornes, indifférents, se laissent envahir par la marée qui a noyé tout le Traict. Je file sur les côtes rocheuses. Sur le rivage restreint, les goélands de toutes espèces forment des assemblées où toute la palette des gris se côtoie.

Je retrouve en fin d'après-midi le canard hybride vu hier. Insolite combinaison des deux tadornes (de Belon et casarca), cet oiseau a emprunté à chacun une partie de ses atours, sans toutefois parvenir à égaler l'un ou l'autre en élégance. Il me fait penser à cet endroit, administrativement situé en Pays de la Loire, mais pleinement breton. Une Bretagne hybride en quelque sorte.

26 octobre 93, Sud Bretagne

Terre de Loire

Aux confins de l'Anjou, La Loire prend son temps de crainte de disparaître trop vite dans l'océan. Les eaux basses découvrent des bancs clairs et nus entre les petits barrages, points de rassemblements incontournables des pêcheurs.

Le soleil du matin se distrait des ombres chinoises qu'il fait naître. Un chevalier aboyeur prend son bain non loin d'un goéland brun venu de l'Atlantique suivre un régime sans sel. Un jeune pluvier argenté cherche auprès des vanneaux la compagnie qu'il a perdue, loin de ses semblables rassemblés sur la côte. Les bécassines prennent un bain de soleil à deux pas de mon gisement personnel de terre. L'an dernier, dans le lit asséché de ce bras de Loire, j'ai remarqué combien mon siège était salissant. Lascaux. J'ai pensé à Lascaux. Ajoutant un peu d'eau du fleuve à ces miettes minérales, je tentai quelques esquisses. Avec quelques millénaires de retard j'ai affiné le procédé dans mon atelier car l'idée était trop symbolique pour ne pas tenter de peindre des oiseaux de Loire avec de la terre de Loire…

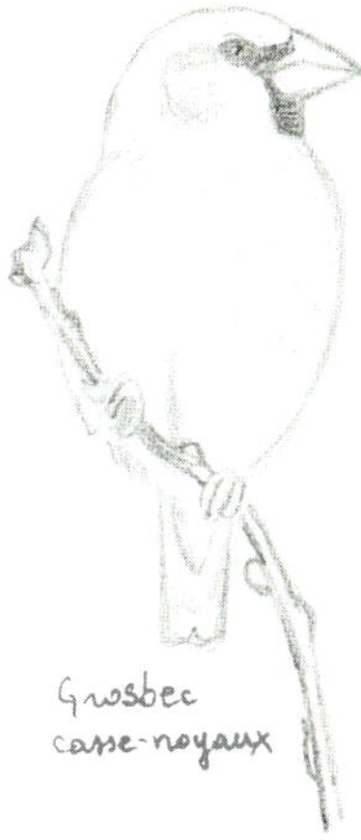

À la moindre brise, une cascade de pétales or et roux tourbillonne en désordre jusqu'au sol déjà recouvert d'un tapis mordoré. Seuls les chênes font encore illusion. Les peupliers, toujours les premiers à frémir au moindre zéphyr, ont déjà capitulé. Ils sont presque nus.

Les grosbecs exposent leur face débonnaire au sommet des branches dépouillées. La pie m'observe. Je l'observe aussi. Mais cet après-midi appartient aux geais. Combien sont-ils? Trois, cinq ou dix? Je ne sais pas car ils utilisent les mêmes perchoirs durant leur parcours nourricier. S'ils semblent n'emporter qu'un seul gland dans leur bec, ils en emportent en réalité une dizaine dans leur gosier à chacun de leur voyage. Faute d'être en mesure de les reconnaître, je ne peux savoir le temps mis par chacun d'eux pour dissimuler sa récolte. Combien de centaines, de milliers de glands, vont être enterrés ? Combien ne seront pas retrouvés cet hiver, ni par eux, ni par les sangliers ou les mulots…? Combien germeront au printemps prochain? Le geai sème à tout vent, le geai est un paysagiste.

Apprenti sorcier

En janvier dernier, j'avais déjà rencontré l'érismature rousse sous la même livrée féminine. À proprement parler, ce petit canard américain n'a rien d'extraordinaire et n'est pas très beau mais il attise mon envie d'exotisme. Exotique est bien le mot qui convient à cet oiseau qui n'a rien à faire avec notre faune.

L'histoire a commencé dans les années Beatles. Nos amis anglais, coutumiers du fait, ont introduit ce palmipède sur leur île. Après tant d'introductions hasardeuses, l'homme continue à vouloir bousculer l'ordre des choses. L'exemple le plus marquant est celui de l'envahissement de tout le continent américain par l'étourneau, à partir de quelques couples lâchés au cœur de Central Park à New York.

Ce petit canard, qui a poursuivi son expansion sur le continent, aurait pu n'avoir aucune incidence sur l'avifaune européenne, mais ce n'est pas le cas. Une autre espèce, l'érismature à tête blanche, elle, rare et menacée, habite le sud de l'Europe et depuis une décennie on note des oiseaux hybrides… Cette pollution génétique grave met en lumière le fait que l'homme ne peut jouer impunément à l'apprenti sorcier.

1er novembre 96, Val de Loire

Lendemain de passée

Le concert claironnant d'un invisible vol de grues, au-dessus de la Sologne, ajoute un peu plus d'automne à cette matinée. Les eaux basses des étangs annoncent la future récolte des carpes, brochets, tanches et autres gardons.

Descendus de leurs montagnes, les pipits spioncelles gambadent sur les boues découvertes en compagnie des bergeronnettes. Les affleurements de terre en pleine eau se transforment en reposoirs qu'échassiers et palmipèdes apprécient pour leur sécurité. Le niveau des eaux, inconstant mais bas, est à la mesure de la longueur du cou des canards de surface : colverts, chipeaux, siffleurs et souchets. Parfois la culbute s'avère nécessaire afin de gagner quelques centimètres pour atteindre le fond vaseux. Pour les plongeurs, grèbes et fuligules, l'espace restreint de pêche les contraint à se regrouper sur les étangs les moins vides.

La majorité des canards passe le plus clair de son temps au repos, au calme après l'agitation bruyante de la passée d'hier soir. Un milouin, une aile brisée, pendante, a échappé bien provisoirement à sa condition de gibier. Les couples se défont et se reforment de semaine en semaine au fil des disparitions crépusculaires. Dans un groupe de canards siffleurs, un mâle en mal de partenaire tente de conquérir celle de son voisin chanceux…

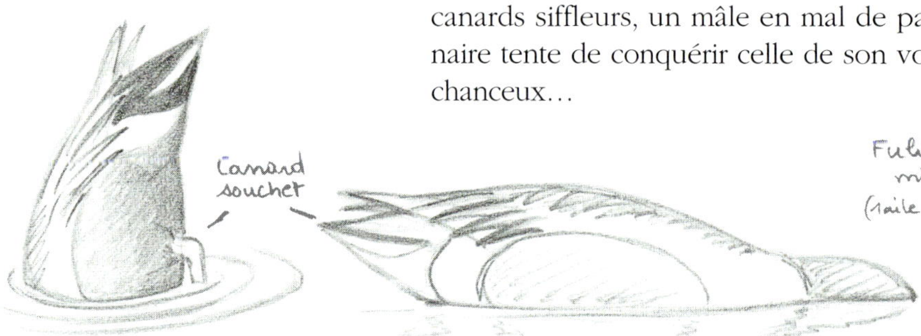

16 novembre 86, Sologne

Vague terrain

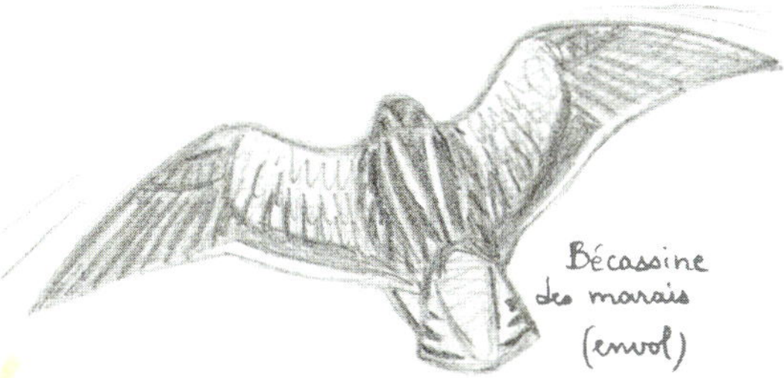

L'enchevêtrement des ronces, des jeunes saules et des daturas impose une progression lente et calculée. Un tarier pâtre fait le guet sur les tiges les plus hautes. Il rejoint le troglodyte au bas de la végétation lorsque l'épervier fait halte dans le terrain vague. Longeant le bois de la rive, je me joins à la ronde des mésanges. La mésange huppée n'est pas la moins belle de la troupe malgré l'absence de bleu, de jaune et de verdâtre portés par ses cousines.

Je reprends mon cheminement dans les ronciers. J'entrevois une zone dégagée. Plus proche encore, je tombe « nez à bec » avec deux linottes à bec jaune. Une espèce jamais vue ici. Elles sont si près que les jumelles sont inutiles. Convaincu de ne jamais les retrouver dans ce fouillis végétal si elles s'envolent, je mémorise le plus de détails possibles de leur plumage et de leurs attitudes. Le risque de faire un geste de trop, en sortant le carnet de mon sac, m'oblige à l'immobilité. Deux, peut-être trois minutes et, hop, parties. À genoux sur le sable, je restitue au mieux la rencontre trop brève.

Je ne les reverrai plus, ni aujourd'hui, ni plus tard. Le terrain vague a été « nettoyé ». Le bulldozer a mis bon ordre à ce désordre. Plus de ronces, plus d'oiseaux…

Le prix d'un mythe

30 novembre 89, Val de Loire

Le hasard a voulu que mes pas n'aient jamais provoqué l'envol d'une bécassine sourde jusqu'à ce jour. De plus en plus désirée, au cours de recherches spécifiques vaines, doublement sourde à mon envie, la petite bécassine faisait figure de mythe.
Aujourd'hui, c'est encore pour elle que je m'engage sur le terrain gelé, face au château. Les flaques d'eau éclatent en étoiles cristallines, les herbes craquent sous mes bottes. Un lièvre détale à grands bonds. Une, puis deux bécassines partent en trombe sur ma droite. Pas d'affolement, encore des bécassines des marais, j'ai l'habitude… Un râle d'eau s'envole dans mes pieds, toutes pattes traînantes.
Je traverse le maigre filet de la Sange arrivée au terme de son parcours pour devenir Loire. Encore quelques bécassines « classiques » à l'abord du secteur le plus couvert de végétation.
Une nouvelle bécassine s'envole pour se reposer un peu plus loin. Pas de doute, c'était une sourde! Petite, silencieuse, queue pointue, j'ai tout vu. Une confirmation s'impose toutefois. De confirmation en confirmation, j'ai bien peur d'avoir abusé un peu… Je compte quatre ou cinq sourdes dans le secteur mais plus de vingt-cinq envols! C'était sans doute le prix que devait payer cet oiseau élevé au rang d'un mythe.

Pour une virgule de plus

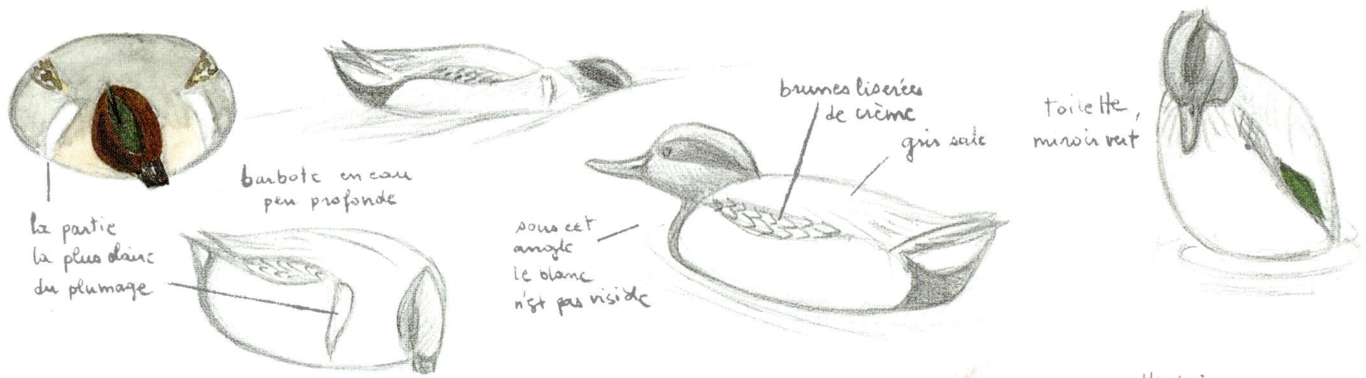

L'étang du Puits n'a rien donné. La Loire, généreuse, s'offre comme alternative. Les sorties stériles en dessin ne sont pas rares mais, pas nécessairement frustrantes. Le plaisir de sentir, d'écouter, existe toujours. Cette journée d'hiver s'annonce comme telle. Les vanneaux passent au-dessus des champs ; Ils filent vers le Nord, vers des terres à lombrics plus humides. Sitôt la levée, la Loire est là d'un coup, majestueuse. L'île de Cuissy peut entièrement disparaître sous les eaux des crues ou au contraire, comme aujourd'hui, s'étendre de tout son long au milieu du fleuve. Pas grand-chose, trois sarcelles barbotent là-bas. Je jette un rapide coup de jumelles sur les canards de poche.

Je me rends compte que ce que j'avais pris pour un morceau de plastique blanc se déplace en même temps qu'une des sarcelles. Je prends ma longue-vue. Une sarcelle américaine ! Je m'approche. Ainsi ce qui devait arriver un jour ou l'autre est arrivé. Depuis de nombreuses années, je ne laisse pas passer un rassemblement de sarcelles d'hiver sans chercher cette marque blanche, entre poitrine et flancs, signature de la sarcelle de Caroline. Celle-ci est un mâle en mue, probablement jeune, mais aucun doute n'est permis. Vingt-deux croquis et aquarelles plus tard, je songe à la puérilité pour un non-initié de voir l'enthousiasme engendré par l'un plutôt que par l'autre oiseau, pour une simple virgule de plus…

5 décembre 97, Val de Loire

Le dernier croquis

Un œil sur la route, l'autre alentour, dans un strabisme automatique de naturaliste en chasse, je repère une silhouette indistincte dans le chaume retourné. Une grive litorne? Pas sûr, mieux vaut y regarder de plus près. Je ne regrette pas l'arrêt. Qu'il est beau ce mâle d'émerillon! Il est trop loin pour que je puisse deviner son festin mais il est hors de question de le déranger. Le petit faucon fait voler les plumes de sa victime, sans doute un passereau qu'il aura surpris dans le gris du matin. Je pourrais rester encore mais l'heure avance. Un dernier croquis alors qu'il essuie méticuleusement son bec et je pars retrouver mes canards.

C'est hier que j'ai découvert sept milouinans sur l'étang du Puits. Ils sont tous en plumage féminin, brun chaud, la face barbouillée de lait crémeux. En fait de femelles, je suis d'ores et déjà certain que trois d'entre elles sont ils. Les quelques plumes grises sur leur manteau brun signent leur orientation sexuelle. Une vérification qui s'affirmera de semaine en semaine jusqu'en mars, avec à chacune de mes visites, la certitude d'inscrire le tout dernier croquis.

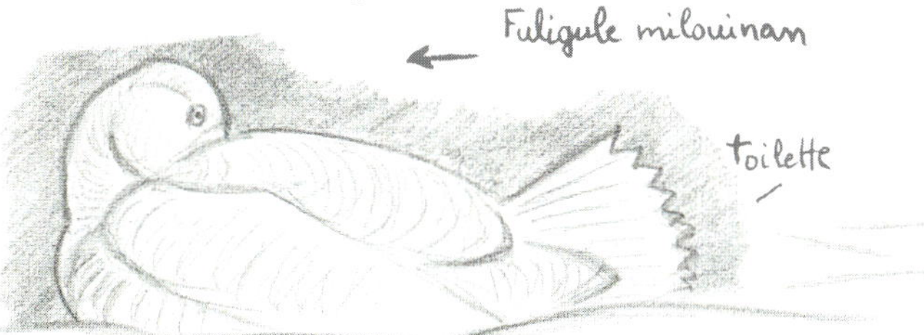

Noël irlandais

24 décembre 92, Donegal, Irlande

Afin de ne pas déroger au Noël familial et, j'avoue, pourquoi pas découvrir quelques oiseaux aux accents gaéliques, nous avons rejoint notre fille Aurélie et Olivier, son compagnon, au nord de l'Irlande. Dès les premières lueurs je quitte le cottage endormi pour entamer le parcours prémédité la veille. Le froid mordant, les plaques de neige, le gel sont autant de surprises auxquelles je ne m'attendais pas dans ce pays et si près de l'océan. Au centre d'un petit cours d'eau, suffisamment vif pour ne pas geler, la silhouette dodue d'un cincle se dessine, donc je le dessine. L'Atlantique est à deux pas. Sur la plage, un goéland pâle se détache du lot des laridés. C'est un goéland à ailes blanches, sa couleur café au lait indique qu'il s'agit d'un jeune. Je grelotte un peu plus de froid en dessinant l'huîtrier qui prend son bain comme s'il était sous les tropiques. Les bernaches cravants animent la grève de leur démarche gracieuse. Ces oies sombres que j'ai l'habitude d'observer en Armorique sont ici différentes. Cette sous-espèce groenlandaise « hrota », à ventre clair, dégage une impression d'élégance que leurs cousines bretonnes n'ont pas. Je rejoins la chaleur du logis (et la chaleur humaine) avec le sentiment d'avoir ouvert mes paquets cadeaux avant l'heure, d'avoir fêté mon Irish Christmas un peu prématurément.

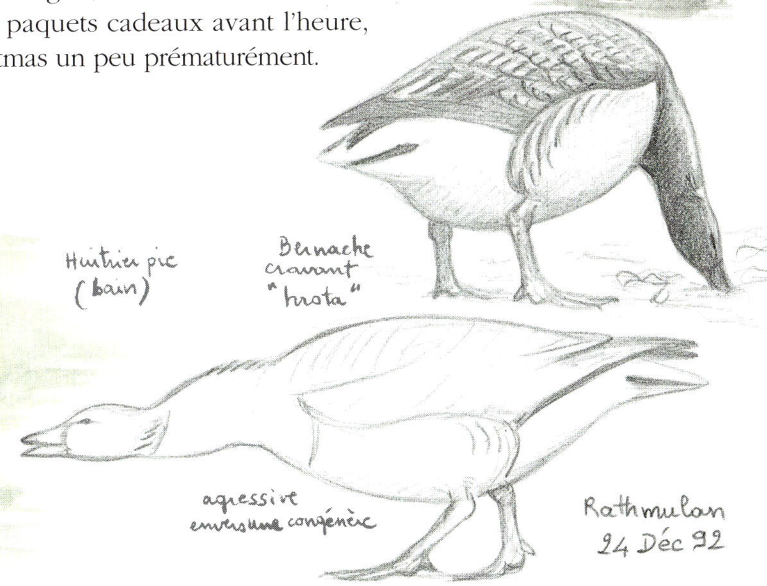

Fleurs d'hiver

Depuis deux jours un groupe de bouvreuils tient banquet dans un bosquet de bouleaux. Hier accompagnés de tarins, aujourd'hui de chardonnerets, les bouvreuils décortiquent avec gourmandise les fragiles samares riches en graines minuscules. Un accenteur émerge des herbes jaunies par le gel pour s'exposer un instant sur un églantier défolié, lourd de fruits rouges. Tout ceci est bien ordinaire mais un ordinaire charmant. Le bec gros et court des uns, et celui, long et pointu des autres, séparent avec une égale dextérité le bon grain de l'ivraie qui s'envole au vent. Le repas se passe en silence avec seulement quelques petits cris juste pour se rassurer, dire sa présence, s'assurer de celle des autres et de l'absence de l'épervier dans les parages… Je m'arrête souvent de dessiner pour jouir simplement du spectacle et profiter de la présence réconfortante de ces fleurs d'hiver…

Erika, je crie ton nom !

Premier jour de l'an 2000, prétexte à réflexions sur l'avenir. Page prévue depuis six mois, prévue riante sur les bords de la Loire. Puis c'est arrivé, tout est bouleversé, je dois y aller. Pas le courage, peur de me rendre dans les zones les plus maculées, je vais à Quiberon. Erika, tu as abîmé mon rêve enfantin d'oiseaux blancs, de vagues légères et bleues, de coquillages lisses et nacrés. La mer pleure des larmes noirâtres, la mer charrie son poison, la mer malade souille le rivage qui lui donne la vie. Erika, les hommes t'ont choisi(e), les hommes ont pris le risque du moindre coût, le risque de l'inconséquence. Cent mille oiseaux agonisent, cent mille oiseaux meurent englués, colmatés, pétrifiés, et alors ? Total mépris, total profit, dégoût total.
Le jour tarde à lever le voile sur le décor gangrèné, je marche à fleur de vagues. L'illusion est encore possible, il fait beau, le vent est tombé, le clapotis familier ne trahit rien du drame. Premières images, premiers oiseaux souillés, premiers cadavres... Puis je l'ai vu, épuisé, ailes pendantes, vaincu, le guillemot accoste sur la plage que ses palmes n'ont jamais foulée.
Il pince la main secourable. Vas-y, pince, pince fort, je vais te sauver. Dans mon sac tu sors ton bec, tu entends la mer, tu entends mon pas, tu ne comprends rien à ce cauchemar. Puis ton regard apeuré au fond du carton. Je t'emporte vers d'autres mains salvatrices, vers le centre de Theix. Je voudrais te garder encore, t'expliquer la folie du monde, te dire que tes frères sont morts pour moi, pour le bien des hommes, pour le bien de la mondialisation anarchique des superflus indispensables...

ERIKA
D. Chavigny 2000

INDEX

** Nom latin*

Conception, texte et illustrations : D. Chavigny

Suivi de réalisation :
Jacqueline Pieters Conseil. Tel : 01 45 08 13 33

Réalisation : atelier JMLF, Jean-Marie Le Faou. Tel : 01 40 26 89 94